2020 年度山西省高等学校哲学社会科学项目：基于背景风险的
山西省家庭金融资产配置优化研究（编号：2020W135）

中国家庭风险资产选择的
生命周期效应研究

聂瑞华　著

中国财经出版传媒集团
中国财政经济出版社

图书在版编目（CIP）数据

中国家庭风险资产选择的生命周期效应研究／聂瑞华著 . -- 北京：中国财政经济出版社，2022.3

ISBN 978 - 7 - 5223 - 1116 - 6

Ⅰ . ①中… Ⅱ . ①聂… Ⅲ . ①家庭－金融资产－研究－中国 Ⅳ . ①TS976.15

中国版本图书馆 CIP 数据核字（2022）第 021021 号

责任编辑：陆宗祥 高文欣 责任校对：胡永立

封面设计：卜建辰 责任印制：史大鹏

中国财政经济出版社 出版

URL：http：//www.cfeph.cn

E - mail：cfeph@ cfeph.cn

（版权所有 翻印必究）

社址：北京市海淀区阜成路甲 28 号 邮政编码：100142

营销中心电话：010 - 88191522

天猫网店：中国财政经济出版社旗舰店

网址：https：//zgczjjcbs.tmall.com

北京财经印刷厂印刷 各地新华书店经销

成品尺寸：147mm×210mm 32 开 7.5 印张 181 000 字

2022 年 3 月第 1 版 2022 年 3 月北京第 1 次印刷

定价：52.00 元

ISBN 978 - 7 - 5223 - 1116 - 6

（图书出现印装问题，本社负责调换，电话：010 - 88190548）

本社质量投诉电话：010 - 88190744

打击盗版举报热线：010 - 88191661 QQ：2242791300

前　言

　　家庭风险资产选择行为研究一直是家庭金融的研究重点。风险资产选择行为包括风险资产参与和风险资产配置。国内外文献均发现家庭风险资产选择存在"倒 U 型"生命周期效应，其本质是家庭有限参与年龄的不平衡现象。与此同时，关于我国人口结构的统计和预测表明，未来 20 年，中国 60 岁以上老年家庭和30 岁以下青年家庭占比逐渐增加。这表明，我国将会面临严峻的全社会家庭风险资产选择不足的挑战，这不利于未来我国金融市场的资金供给，以及居民财产性收入的提升。

　　家庭进行风险资产选择是一种有限理性行为，每个家庭会基于自己面临的家庭内外部因素做出最有利于家庭的风险资产选择。研究家庭风险资产选择存在"倒 U 型"生命周期效应的形成机制，就是挖掘导致风险资产选择生命周期效应的家庭内外部因素，并据此制定政策，有针对性地改变这些内外部因素，引导家庭做出有利于市场和家庭的风险资产选择行为，最终在一定程度上解决潜在的全社会家庭风险资产选择不足问题，这也是本书研究的出发点。

　　本书的研究内容包括四个方面：

　　（1）家庭风险资产选择的形成机制研究。

　　关于家庭风险资产选择，现有的风险资产选择机制较少考虑有限理性假定和市场失灵，本书在凯恩斯的消费需求理论提到的货币资产持有动机、预防性储蓄理论中提到的储蓄动机、金融需求层级理论提出的需求层级基础上，从有限理性假定出发，结合市场失灵研究家庭风险资产选择的形成机制。回答了家庭在什么情况下会持有风险资产，为之后解释家庭风险资产选择的生命周期效应形成提供理论支持。

（2）家庭风险资产选择的生命周期效应特征、成因及差异性研究。

本书首先借助定量分析方法中可测度非线性相关的 MIC 方法研究证实家庭风险资产选择存在生命周期效应，在此基础上证实我国家庭资产选择存在"倒 U 型"生命周期效应。其次，运用文献研究法总结家庭风险资产选择的影响因素，寻找其中可能的存在生命周期效应的因素有家庭收入、家庭财富、风险偏好、受教育年限和金融知识。最后研究发现，家庭收入、家庭财富、受教育年限和金融知识存在"倒 U 型"生命周期效应，风险偏好存在递增型生命周期效应，在他们的共同作用下，家庭风险资产选择呈现出"倒 U 型"生命周期效应。

此外，本书发现我国家庭风险资产选择的生命周期效应在城乡和东、中西部之间存在两项主要差异。差异一：中国家庭资产选择的生命周期效应存在区域纵向差异；差异二：中国家庭资产选择的生命周期效应存在区域波动性差异。对"差异一"的解释如下：家庭收入、家庭财富、户主金融知识、受教育年限在不同年龄组的均值城乡差异，导致了家庭风险资产选择生命周期效应的城乡纵向差异；家庭收入和家庭财富在不同年龄组的均值东部和中西部差异，导致了家庭风险资产选择生命周期效应的东部和中西部差异。对"差异二"的解释如下：农村家庭的家庭收入、家庭财富、户主金融知识、受教育年限的变异系数均大于城市家庭，是造成农村家庭风险资产选择波动性比城市家庭大的原因；中西部家庭的家庭收入和家庭财富的变异系数均明显大于东部家庭，造成中西部家庭风险资产选择波动性比东部家庭大。

（3）工作稳定性的生命周期效应以及对家庭风险资产选择的影响研究。

研究发现：工作稳定性越高，家庭风险资产参与概率和家庭风险资产配置率越高；工作稳定性存在递增型生命周期效应；失业保险有利于增加家庭风险资产参与概率和家庭风险资产配置率。基于研究结论，本书提出的政策建议是：加强30岁以下青年人的就业保障，增进家庭风险资产选择。

（4）养老观念的生命周期效应以及对家庭风险资产选择的影响研究。

研究发现："自我养老"观念会增加家庭风险资产选择；养老观念存在递减型生命周期效应，即年龄越大越倾向于他人养老；拥有养老保险有利于家庭风险资产选择。本书提出的政策建议是：增强老年人自我养老意识，增进老年家庭的风险资产选择。

本书的研究从理论上有以下三方面的意义：一是构建家庭风险资产的生命周期效应形成机制，丰富家庭资产选择理论研究；二是研究家庭风险资产选择的年龄间不平衡成因，丰富投资者"有限参与"研究；三是研究家庭生命周期效应的区域不平衡特征，丰富家庭风险资产选择差异性研究。现实意义上，可以在以下三个方面提供针对性政策建议：一是应对中国当前及未来人口结构特征对金融市场供给的冲击；二是拓宽居民财产性收入渠道；三是缩小居民家庭间贫富差距。

作者

2022 年 1 月

PREFACE

The research on household risk asset selection behavior has always been the hot topic in household finance. Risk asset selection behavior includes participation of risk asset and allocation of risk asset. Both domestic and foreign literatures have found that there is an inverted U – shaped life cycle effect in household risk asset selection, which is essentially the age imbalance of limited household participation. At the same time, statistics and prediction of data on China's population structure show that the proportion of elderly families over 60 years old and young people under 30 years old in China has gradually increased in the next 20 years or so. This demonstrates that China will face the challenge of insufficient selection of risk assets in the whole society in the future, which is not conducive to the future supply of funds in China's financial market and the improvement of residents' property income.

The selection of household risk asset is a limited rational behavior, and each household will make the most favorable household risk asset selection based on the internal and external factors of the household they are facing. The purpose of studying the formation mechanism of "inverted U – shaped" life cycle effect in household risk asset selection is to explore the internal and external factors of the household that lead to the life cycle effect. According to those, the policy is designed to change the internal and external factors of the household and guide the household to make it beneficial to market and household, and finally solves the problem of insufficient selection of potential social risk assets in the whole society, which is also the starting point of this paper.

The research content of this thesis includes four aspects:

(1) Research on the formation mechanism of household risk asset selection.

With regard to the selection of household risk assets, most of the existing literatures focus more on the study of influencing factors, and less on the formation mechanism. The existing risk asset selection mechanism seldom considers bounded rational assumptions and market failures. On the basis of the monetary asset holding motives mentioned in Keynes's consumer demand theory, the savings motives mentioned in the precautionary savings theory, and the demand hierarchy proposed by the financial demand hierarchy theory, this thesis starts from the bounded rational assumptions and market failures to explore the mechanism of household risk asset selection. This thesis gives an answer about which cases the household holds risk asset, which provides a theoretical basis for the subsequent interpretation of the life cycle effects of household risk asset selection.

The research of this thesis will be carried out from the bounded rational assumptions and market failures, and explore the formation mechanism of household risk asset selection.

(2) Research on characteristics, causes and differences of life cycle effects of household risk asset selection.

In the existing literatures, the life cycle effect of household risk asset selection is seldom studied from a quantitative perspective. This thesis firstly confirms that there exists the life cycle effect in the household risk asset selection by using the MIC method that can measure nonlinearity correlation. On this basis, this thesis demonstrates that there exist an inverted U – shaped life cycle effect in household risk asset selection. Secondly, the influencing factors of household risk asset selection are investigated by reviewing a great deal of literature. The possible influencing factors with life cycle effects include household income, household wealth, risk preference, years of education and financial knowledge. The research results show that household income, household wealth, years of education and financial knowledge have the inverted U – shaped life cycle effect. And risk preference has an incremental life cycle effect.

In addition, the research results show that there are two main differences between the urban and rural areas, and between the eastern and the midwestern regions of China on the life cycle effect of household risk asset selection. The first difference is the regional vertical differences in the life cycle effects of China's household asset selection, and the second difference is the regional volatility differences in the life cycle effects of China's household asset selection. The explanation for the first difference is as follows: the average urban – rural difference in different age groups on household income, household wealth, household finance knowledge and years of education leads to the vertical difference between urban and rural areas in the life cycle effect of household risk asset selection. And the average eastern and midwestern difference in different age groups on household income and household wealth leads to the vertical difference between eastern areas and midwestern areas in the life cycle effect of household risk assets selection. Moreover, the explanation for the second difference is as follows: the coefficients of variation of the household income, household wealth, household financial knowledge and years of education of rural households are greater than those of urban households, which is the reason why the risk of risk assets selection of rural households; the coefficient of variation of household income and household wealth in the central region and western region is significantly greater than that in the eastern region, resulting in larger fluctuation of risk assets selection in the central and western families.

(3) Research on life cycle effect of job stability and its impacts on household risk asset selection.

The research results show that the higher the job stability, the higher the participation probability of household risk asset and the allocation rate of household risk asset; the job stability has an incremental life cycle effect; the unemployment insurance is helpful to increase the participation probability of household risk asset and the allocation rate of household risk asset. Based on the above research conclusions, the policy recommendation is to improve the choice of household risk assets by strengthening the employment security of young people under the age of 30.

(4) Research on life cycle effects of pension concepts and their impact on household risk asset selection.

The research results demonstrate that the concept of old – age care for the elderly will increase the selection of household risk assets; the concept of pension has a diminishing life cycle effect, that is, the older the age, the more inclined it is for others to support the elderly; the pension insurance is beneficial to the choice of household risk assets. The policy suggestions presented are: to enhance the self – supporting consciousness of the elderly and to improve the risk asset selection of the elderly household.

The research in this thesis has the following three aspects in theory. The first one is to construct a life cycle effect formation mechanism of household risk assets, and to enrich the theory of household asset selection. The second is to study the causes of imbalance between ages of household risk assets selection, enrich investors the study of "limited participation". The third is to study the regional imbalance characteristics of household life cycle effects, and to enrich the study of household risk asset selection factors. In the practical sense, policy recommendations are provided in the following three aspects. The first one is to resolve the impact of China's current and future demographic characteristics on financial market supply, the second is to broaden the channels for property income, and the third is to narrow the gap between the rich households and the poor among households.

目　录

第1章 绪 论

1.1 研究背景和意义

1.1.1 家庭风险资产的"有限参与"问题

自家庭金融被确立为金融学的三大研究方向之一后（Campbell，2006），家庭风险资产选择的相关研究一直是家庭金融研究的重点。家庭风险资产选择关系着家庭金融市场供给、居民财产性收入等金融市场和社会热点问题。包括股票、基金在内的家庭风险资产选择"有限参与"问题是家庭资产选择研究的核心问题（尹志超，2013）。

按照经典的资产组合理论，除去极端厌恶风险的家庭，所有家庭都应当持有一定比例的风险性金融资产，但实际中存在很大占比家庭不参与风险性金融资产的现象，即"有限参与"现象。即使在发达国家，也有近25%的家庭不参与证券市场（Campbell，2016），发展中国家情况更加严峻，中国的家庭金融资产占比为12.4%，其中45.8%为存款，中国家庭在风险资产市场上的资金分配很低（甘犁等，2016）。世界各国都不同程度地面临着家庭风险资产参与有限、金融产品持有不足的问题，这一方面抑制了整个金融市场的资金供给，另一方面也限制了整体家庭财产性收入的提高。

1.1.2 中国人口结构特征下的"有限参与"问题

国内外文献发现家庭风险资产选择存在"倒 U 型"生命周期效应（Yoo，1994；McCarthy，2004；Yongsung Chang 等，2018；吴卫星等，2010；李丽芳等，2015；贺建风和吴慧，2017），即随着家庭年龄的增加，风险资产选择先增加后减少，这意味着不同年龄阶段之间风险资产选择不平衡，这将有可能导致不同年龄之间的财产性收入不平衡。与此同时，2010 年的第六次全国人口普查数据显示，我国属于收缩型金字塔人口结构，即少年儿童占比逐渐减小、老年人口占比不断增加。《中国统计年鉴》显示（见图 1.1），我国 65 岁以上人口占比和老人抚养比近年来持续增加，人口老龄化程度不断加深，2017 年我国 65 岁及以上人口占比达到 11.4%，首次突破 11%，老年抚养比达到 15.9%，接近 16%。为了应对人口老龄化等人口结构问题，我国于 2015 年出台"全面二孩"政策。有研究预测，该政策的实施将在未来

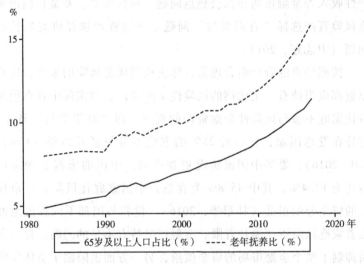

图 1.1 1982~2017 年中国老年抚养比和 65 岁及以上人口占比图

20 年导致 20~29 岁年龄人口比重波浪式上升、30~49 岁年龄人口比重波浪式下降（王浩名，2018）。以上关于人口结构的统计和预测表明，在未来的 20 年左右，中国的中年家庭占比持续减少、60 岁以上老年家庭占比不断增加、30 岁以下青年家庭占比逐渐增加。

2019 年 2 月 28 日国家统计局公布的《2018 年国民经济和社会发展统计公报》显示，2018 年末我国 60 周岁及以上人口占比 17.9%，其中 65 周岁及以上人口占比 11.9%，不满 16 周岁人口占比 17.8%，不满 16 周岁人口和 60 周岁及以上人口占比之和已达到 35.7%。结合风险资产选择的"倒 U 型"生命周期效应，可以预计在未来，我国的整体家庭风险资产参与率和配置率前景堪忧，将有可能影响未来我国金融市场的资金供给，同时也不利于拓宽居民财产性收入渠道。

1.1.3　研究家庭风险资产选择生命周期效应的意义

（1）理论意义。

第一，构建家庭风险资产选择的生命周期效应形成机制，丰富家庭资产选择理论研究。以往关于生命周期效应的成因理论研究多基于理性人假设。本书基于有限理性人假定研究家庭风险资产的生命周期效应形成机制，有助于从理论上深入剖析其形成原因，指导实证研究，丰富资产选择理论。

第二，研究家庭风险资产选择的年龄间不平衡成因，丰富投资者"有限参与"研究。家庭的生命周期效应即家庭有限参与的年龄间不平衡问题，对家庭生命周期效应的研究，就是对家庭层面有限参与不平衡问题的研究，能够丰富投资者有限参与理论。

第三，研究家庭生命周期效应的区域不平衡特征，丰富家庭风险资产选择差异性研究。中国现阶段存在着区域发展不平衡问题，城乡和东、中西部之间的经济发展水平差异会造成家庭收入、金融可得性等因素的差异，最终导致不同区域间的生命周期效应差异。因此，研究中国家庭生命周期效应是否存在区域差异及其成因，是对家庭风险资产选择差异性研究的边际贡献。

（2）现实意义。

第一，为拓宽居民财产性收入渠道提供政策建议。继党的十七大和十八大后，党的十九大再次提出拓宽居民财产性收入渠道，这也是实现"共同富裕"的要求。我国现阶段，财产性收入渠道不宽的原因之一在于家庭风险资产的低参与率和低配置率，这导致广大居民不能够有效享受到我国经济金融市场发展的福利。生命周期效应是家庭风险资产有限参与的重要特征，对其形成机制的深入研究，有助于加深对家庭风险资产有限参与现象的理解，为增加居民家庭的风险资产选择提供精准政策建议，从拓宽居民财产性收入渠道出发，增加家庭财产性收入。

第二，为应对中国当前及未来人口结构特征对金融市场供给的冲击提供政策建议。中国的老龄化进程不断深入，60岁以上老年家庭数量不断增加，同时"二胎"政策对人口结构的影响将在未来若干年逐渐显现，青年家庭的数量在未来会逐步增加。但是根据"倒U型"生命周期效应理论，青年家庭和60岁以上老年家庭的风险资产持有比例较低，这表明在未来可能出现更多比例的家庭存在不参与、低配置风险资产的现象，这将导致金融市场的资金供给不足，阻碍金融市场的发展。本书研究家庭生命周期效应的形成机理，为提高60岁以上老年家庭和青年家庭的风险资产持有率和配置率提供精准政策建议，增加金融市场供给。

第三，为缩小居民家庭间贫富差距提供政策建议。已有研究表明，财富多的家庭财产性收入高、风险资产占比大（史代敏和宋艳，2005），财产性收入的提高有利于增加风险资产的持有。这就存在一个循环效应，高财富家庭的财产性收入占比大、风险资产占比大，进一步提高了家庭财产性收入和财富增长量；低财富家庭的风险资产持有低、财产性收入低，最终造成财富的低增长量。因此，财产性收入的差距可能会进一步加大高财富家庭和低财富家庭之间的财富差距，这不利于"共同富裕"目标的实现。研究家庭风险资产的生命周期效应现状和成因，可以有针对性提出增加家庭风险资产比重、提高家庭财产性收入的政策建议，最终缩小不同年龄间的家庭财产性收入差距，减轻贫富差距。

1.2 文献综述

1.2.1 传统风险资产选择理论

传统风险资产选择理论起步于资产组合研究，即 Markowitz（1952）针对投资者如何选择投资组合提出的均值方差分析，他用期望收益和方差研究单一时期的资产选择行为。在此基础上，Tobin（1958）加入了无风险资产，提出了二基金分离定理。根据该定理，所有投资者共同拥有风险资产的某种最优组合以达到效用最大化。Sharpe（1964）将上述研究中的风险细分为系统性风险和非系统性风险，提出了资本资产定价模型（Capital Asset Pricing Model，简称 CAPM）。Merton（1969，1971，1973）在单一时期的研究基础上进一步引入了跨期框架，在此框架下二基金分离定理不再成立。他提出了三基金分离定理，构造出跨期消费和投资组合模型。

根据传统风险资产选择理论，除去极端风险厌恶者，所有投资者都应该参与风险资产市场，但各国的实证结果均违背这一推论。当前家庭金融研究在解释上述现象时，将同质性代理家庭转向差异性代理家庭，学者们更多的是寻找能够影响家庭资产选择差异性的内外因素，并在此基础上解释和分析现实中的家庭风险资产选择行为。

1.2.2　家庭风险资产选择的影响因素研究

家庭风险资产选择的基本特征是风险资产选择的有限参与，包括低风险资产持有和低风险资产配置。针对此现象，文献从产生家庭差异性的内外部因素展开研究。一是家庭外部因素，例如：金融可得性、社会保障、经济金融市场稳定性、金融约束、住房市场；二是家庭内部因素，例如：背景风险、金融知识、个人及家庭属性、主观因素、生活经历和生命周期。

（1）家庭外部因素。

家庭是社会的单元，家庭外部的社会、经济、金融环境很可能会影响家庭的风险资产选择，早期的相关研究包括金融可得性、社会保障、经济波动等家庭外部环境因素如何影响家庭资产选择。总体上看，近年来学者们对外部环境因素的研究热度开始下降，但在金融市场稳定性、金融约束、住房市场等方面依然保持一定的关注度。家庭外部环境就家庭而言是外生因素，家庭本身没有能力去影响和改变这些因素，对这些因素的应急处置影响着家庭风险资产选择行为，主要包括以下两个方面：

第一，金融市场稳定性。

传统经济理论认为，当股票市场存在较大波动时，理性的投资者会减少股票投资。实证结果表明，市场不确定性的增加显著降低了普通家庭的股市参与概率（Antoniou 等，2015）。但经济波动并不一定影响股市参与深度，Bilias 等（2017）利用反事实的方法，发现在 20 世纪 90 年代期间，美国家庭金融资产组合大幅增加，在互联网泡沫破灭后，家庭股票持仓量却增加，且没有因此改变净财富不平等。

第二，金融约束。

金融约束通过影响家庭的金融参与门槛影响家庭风险资产选择（Roche，2013）。金融约束包括金融借贷和参与成本。例如，抵押贷款困难抑制了家庭成为新的股票市场参与者，家庭在经历随后的按揭付款困难时，更有可能退出股票市场（Chen 和 Frank，2016）。参与成本，被看作金融教育项目影响消费者投资决策的渠道，Khorunzhina（2013）利用来自收入动态面板研究的家庭数据估计股市参与成本的大小，估算平均股票市场参与成本约为劳动收入的 4% ~ 6%。此外，随着消费者年龄的增长，股票市场参与成本不断下降。高投资成本不但抑制了股市参与，而且减少了本国家庭对国外的投资。Christelis 和 Georgarakos（2013）的研究证明，即使是很小的投资成本，也限制了美国家庭对外国的投资。

（2）家庭及个人差异性因素。

传统的经济学理论难以解释股市参与不足等金融异象。学者们逐步从家庭及个人的差异性出发解释家庭风险资产选择，并取得了大量成果，这也是近几年家庭资产选择研究的主要方面（见表 1.1）。

表 1.1　　家庭、个人差异性影响家庭资产选择研究汇总表

研究视角	研究关键词	代表性文章
背景风险	健康风险	Bressan（2014）；Ayyagari 和 He（2017）
	收入风险	Bonaparte 等（2014）
	房产风险	Chetty 等（2017）；Luo 等（2017）
金融知识	金融顾问	Foerster 等（2017）；Calcagno 和 Monticone（2015）
	投资结果	Hsiao 和 Tsai（2018）；Chu 等（2017）
个人及家庭属性	性别	Addoum（2017）；Fisher 和 Yao（2017）

续表

研究视角	研究关键词	代表性文章
主观因素	婚姻	Addoum（2017）；Bucciol 等（2017）
	年龄	Fagereng 等（2017）；Spicer 等（2016）
	教育	Cooper 和 Zhu（2016）
	投资者的身体属性	Addoum 等（2017）
	家庭结构	Bogan（2015）
	投资偏好	Baltzer（2013）
	风险偏好	Sanroman（2015）
	心理及人格因素	Brown 和 Taylor（2014）；Bogan 和 Fertig（2013）
生活经历	战争	Kim 和 Lee（2012）
	自然灾害	Cameron 和 Shah（2015）
	经济衰退	Malmendier 等（2011）

资料来源：根据相关文献整理。

第一，背景风险。

背景风险是指那些影响财富但又无法借助保险规避的风险（Gollier，2001），主要包括健康风险、收入风险和房产风险。上述风险会影响家庭在健康、收入、房产价值上的未来预期，并通过影响家庭的预防性储蓄影响家庭风险资产选择行为。

首先是健康风险。之前有大量研究认为健康情况影响着家庭资产选择。近年来文献细化了健康因素，将其分解为主观健康评价和医疗支出风险。Bressan（2014）深入研究发现，只有不良的主观健康评价会对投资组合的选择产生负面影响，而诸如慢性病、日常生活活动的限制、心理健康等客观健康因素与投资决策无关。医疗支出是健康风险的延伸，Ayyagari 和 He（2017）重点考察医疗支出对老年人资产选择的影响。他们利用处方药支出风险的非主观性减少，以测度医疗支出风险对投资组合选择的因果效应，实证结果显示拥有医疗保险的人会增加风险投资。与此同时，Goldman 和 Maestas（2013）的研究表明，医疗支出风险还会影响医疗保险受益人持有风险资产的意愿，参加医疗保险覆盖率高的人明显会持有更多股票。

其次是收入风险。潜在的收入风险以及失业风险影响着家庭风险资产选择。Bonaparte 等（2014）通过荷兰数据和美国的全国青少年纵向调查（NLSY）发现，当收入回报和股票相关性较低时，个人更倾向于参与市场，并愿意将更大比例的财富分配给风险资产。即使是在收入风险很高的情况下，在存在对冲机制时，个人也会表现出更高的参与市场倾向。上述研究表明，收入套期保值是股票市场参与和资产配置决策的重要决定因素。失业是收入风险的极端情况，Basten（2016）利用挪威的 9 年家庭经济调查数据发现，在失业前的几年里，人们会增加储蓄，转向更安全的资产，失业后储蓄会减少。在失业发生后的几年里，家庭税后劳动收入减少了约 12 500 美元。与此同时，家庭消耗了3 000 美元的金融资产，这其中三分之一是在失业之前积累的。这表明部分家庭可以预见并为即将到来的失业做好准备，私人储蓄在某种程度上可以替代社会提供的失业保险。

财富这一存量和流量性质的收入息息相关，同样能够影响家庭风险资产选择。Bucciol 和 Miniaci（2015）认为持有大量财富会导致更激进的风险头寸，家庭的资产组合风险和商业周期保持一致。Broer（2017）则发现国外股票在美国家庭投资组合中的比例随着金融财富的增加而上升，他们的解释是较富裕的家庭更有可能参与外国资产市场，而且参与者的投资组合份额随着金融财富的增加而增加。

最后是房产风险。房产风险是指在面临房价波动时，家庭因持有房产面临的风险。房产是家庭资产的重要组成部分，15 个欧元区国家的家庭资产负债表显示，住宅是大多数家庭的主要资产（Arrondel 等，2016）。2015 年我国家庭投资资产配置中投资性房产高达 71.5%（甘犁等，2016）。房价的变化：一方面直接影响家庭的已有住房财富及总财富，并对有购房需求的家庭会产生影响；另一方面会改变家庭对与房价有关联性的其他风险态度，这两个方面都会影响家庭的风险资产选择，甚至影响股市的流动性（Pedersen 等，2013；Fischer 和 Stamos，2013；Corradin 等，2014；Luo 等，2017）。

住房市场的房价波动会通过影响家庭在扣除房产后的预期财富数量以影响家庭风险资产选择。房价提高引起住房财富的增加能够降低家庭风险厌恶，促使家庭持有更多的股票（Luo 等，2017）。即使排除了年龄、劳动收入和已有的住房财富等因素，已有实证仍然表明家庭金融决策会受到住房市场的影响（Fischer 和 Stamos，2013），在高预期的房价增长期间，那些搬到价格更高房子的家庭会减少风险投资（Corradin 等，2014）。据测算，当家庭总财富不变时，家庭每在房屋购买上减少 10%，就会增加 1% 的股票持有，房地产价格和房产净值分别对股票投资有反向和正向影响（Chetty 等，2017）。

此外，家庭的失业风险和价格导致的已有住房收益存在负相关时，拥有住房风险较大。这是因为一旦失业和所拥有住房价值下降同时发生，家庭会陷入经济困境（Jansson，2017）。但是，奥地利和德国家庭数据表明，家庭在决定是否投资风险资产时，住房风险并不是最重要的因素，信贷约束、劳动收入风险和创业风险会有较大影响。然而，当涉及投资水平和深度时，以上风险因素均不显著（Zhan，2015）。值得注意的是，即使处于金融困境，家庭也没有明显的比其他家庭拥有更少的房产，可能的解释包括交易费用、遗赠动机、养老金不足等（Spicer 等，2016）。

第二，金融专业知识。

金融专业知识的高低直接影响家庭对金融市场的判断和决

策，不同金融专业知识水平的家庭对风险资产选择行为显著不同。多项调查显示，金融知识低下和非最优甚至错误的金融决策相关（Calcagno 和 Monticone，2015；Gaudecker，2015），这导致了高金融知识家庭和低金融知识家庭之间的金融回报差距（Gaudecker，2015；Chu 等，2017）。对此的一个解释是对金融顾问的重视程度，即高金融知识家庭更愿意雇用金融顾问，从他们那里获得信息和建议，投资共同基金或者将自己的一部分金融资产委托给金融顾问（Calcagno 和 Monticone，2015；Chu 等，2017；Foerster 等，2017）；低金融知识家庭则倾向于自己投资，这导致了投资组合单一、金融衍生品投资不足甚至不参与风险市场（Chu 等，2017；Hsiao 和 Tsai，2018；Calcagno 和 Monticone，2015），并最终影响家庭经济福利（Campbell，2006）。但是需要注意的是，金融顾问对客户的风险资产选择和其本身的资产选择相近（Foerster 等，2017），并且非独立的金融顾问并不足以缓解低金融知识造成的问题（Calcagno 和 Monticone，2015）。此外，金融知识和年龄有较大关系，人们在 60 岁之后，金融知识得分直线下降（Finke，2017），同时金融顾问对老年人的吸引力更大（Kim 等，2016）。国内学者同样研究了金融知识对家庭风险资产选择的影响，即使拥有金融信息，缺乏金融知识、金融教育也将阻碍家庭金融市场参与，这些可统称为"家庭金融分析能力"。根据世界银行统计，我国家庭金融知识水平明显低于发达国家（张号栋和尹志超，2016），因此金融知识水平受到我国学者的关注。尹志超等（2014）实证发现金融知识对金融市场参与有正向影响。胡振、藏日宏（2016）则提出金融教育显著影响家庭的金融市场参与，需要注意理财建议不能替代金融知识，金融知识越高越有理财建议的需求（吴锟和吴卫星，2017）。阻碍家庭参与金融市场的因素还有金融可得性（尹志超等，2015）和金融排斥，金融知识可以降低金融排斥（张号栋和尹志超，

2016）。当认知能力影响金融参与时，单纯的金融知识普及效果则不佳。孟亦佳（2014）研究发现，认知能力对参与金融市场、股票市场以及深度均有显著正向影响。

第三，个人及家庭属性。

家庭属性是不同家庭间的最直观区别所在。家庭属性在短时间内难以改变，且能够在一定程度上解释家庭的风险资产选择行为。近年来有研究逐一检验家庭属性的各个方面是否影响了家庭风险资产选择，受关注最多的家庭属性包括性别、婚否、受教育程度、投资者的身体属性、家庭结构以及经济地位。性别对家庭资产选择的影响体现在男女的不同风险偏好上。女性被认为比男性更厌恶风险，有更低的金融风险容错度（Addoum，2017；Fisher 和 Yao，2017；Bucciol 等，2017）。因此当家庭的金融决策者是女性时，该家庭的风险资产选择会比男性金融决策者家庭保守，但就资产回报率而言，女性决策者的资产回报率更高。美国女性的高投资回报率以及澳大利亚单身男女性的财富差距均支持了上述推论（Bucciol 等，2017；Austen 等，2014）。中国的研究则显示，家庭为女性决策者时，风险资产参与率和配置率都将更高（贺建风和吴慧，2017）。

已婚家庭的家庭资产选择明显不同于单身人士。例如：退休后有配偶的家庭明显减少了股票投资，而单身者的股票分配则没有明显变化（Addoum，2017）。同时，已婚家庭总体上更厌恶风险并有更高的市场投资回报（Bucciol 等，2017）。就已婚家庭本身，其家庭的资产选择偏好由决策者决定，当夫妻拥有不同的风险偏好时，没有或者有较少金融决策的家庭成员，其风险承受能力不影响家庭的风险资产选择。

受教育程度、身体属性、家庭结构和社会经济地位也在不同程度地影响家庭风险资产选择。教育通过增加劳动收入以及降低金融市场门槛影响家庭风险资产选择（Cooper 和 Zhu，2016）。

此外，有学者开始研究个人的身体属性对家庭风险资产选择的影响，Addoum 等（2017）使用多个美国和欧洲的调查数据，发现身高较高和体重正常的人更有可能持有股票。他们认为身高表征了基因和产前禀赋以及青少年时期的生活经验，这些因素会影响投资者的资产选择。还有学者发现，迫于较大的经济压力，典型的有老人和孩子的"三明治"家庭会更少的持有股票（Bogan，2015）。但是也有研究发现，当具有长期财务规划时，"夹心层"家庭则更有可能投资风险资产（吴卫星和谭浩，2017）。最近，Kuhnen 和 Miu（2017）发现低经济社会阶层对股票市场更悲观。他们通过实验发现，在面对明显的有利购入股票机会时，低经济社会阶层比其他阶层选择股票的可能性降低 5%。但是，一个人受早期环境影响的最大年龄是 20 岁，当人成长以后，社会经济地位对金融决策的影响会降低。老年人的金融决策仅受自己的社会经济地位影响，他们父母的社会经济地位不会对此产生影响（Cronqvist 和 Siegel，2015）。

第四，主观因素。

主观因素的加入是对传统经济学中"理性经济人假设"的放宽，将家庭成员的主观因素看作解释变量更加贴近实际，增加了对金融异象的解释能力，主观因素包括投资风险偏好、心理及人格因素。

首先是投资风险偏好。家庭的投资风险偏好是常见的主观因素，投资者不但偏好本地股票，最新研究表明这一现象在跨国投资中同样存在。例如，德国投资者倾向于持有邻国股票（Baltzer，2013）。Dimmock 等（2016）观察到，家庭的风险规避行为导致了家庭低的股市参与，并且更少持有外国股票。当金融危机发生时，模糊厌恶者更倾向于抛售股票。Sanroman（2015）测度了不同教育背景下人们的风险厌恶程度，结果显示受过初中教育的人风险厌恶系数介于 1.45 和 1.55 之间，高中学历的人介于

1.7 和 1.8 之间，大学及以上学历的人介于 1.6 和 1.8 之间，即最低学历的投资者要比最高学历的投资者风险厌恶程度低。

其次是心理及人格因素。与自身健康有关的心理因素会影响家庭风险资产选择。Spaenjers 和 Spira（2015）利用美国家庭调查的数据发现，拥有较长预期寿命的投资者，其股票投资组合的份额更高。除了身体健康，心理健康同样会影响家庭资产选择。Bogan 和 Fertig（2013）发现，存在心理健康问题的家庭会减少对风险金融市场的投资。据测算，心理健康问题可以降低家庭持有风险资产高达 19% 的可能性。当被诊断患有心理障碍时，单身女性会加大对安全性资产的投资。此外，人格特质也会影响金融负债和金融资产持有，外向型人格更愿意承担金融负债并持有股票等金融资产（Brown 和 Taylor，2014）。

第五，生活经历。

最近学者们注意到，个人的早期生活经历会对其未来的风险资产选择产生重要影响，早期生活经历会给家庭金融决策者以警示、信息传递等作用，这极大地影响人们的风险偏好，并最终影响家庭风险资产选择。Li（2014）排除偏好相似性和羊群效应等因素后发现，如果父母或孩子在过去的五年里进入过股票市场，那么在接下来的五年里，家庭投资者进入股票市场的可能性就会高出 20% ~30%。更好的生活经历使家庭更愿意承担金融风险，提高股票市场的参与率，但最终效果会逐渐消失（Ampudia 和 Ehrmann，2017）。与之对应的是负面经历会留在人们的记忆中，战争（Kim 和 Lee，2012）、自然灾害（Cameron 和 Shah，2015）、经济衰退（Malmendier 等，2011）等会导致人们以后面对风险时更加保守（Chuang 和 Schechter，2015）。具体地，Kim 和 Lee（2012）通过调查发现那些在 4~8 岁时经历过朝鲜战争的人们在 50 年后会更加规避风险，更早年龄则会因为童年失忆而不受影响。Malmendier 等（2011）发现，美国大萧条期间长大的

CEO 和同行以及有过服兵役经历的 CEO 相比，更不愿意让公司承担金融风险以及债务。在中国，相比于纯粹的城镇居民，那些有过农村成长经历的城镇居民有低于前者 6% 的概率参与股票和基金交易，开放性人格能够降低这一负效应（江静琳等，2018）。

（3）小结。

风险资产选择的影响因素研究是家庭资产选择研究的主要内容，最受学者们关注。为了解释家庭风险资产的"有限参与"，文献分别从家庭的内外部因素展开研究。

外部因素方面，近来的文献重点研究金融市场稳定性、金融约束和住房市场对家庭风险资产选择的影响，稳定的经济、金融市场被普遍认为有利于家庭持有风险资产；金融借贷难和参与成本高等金融约束给家庭参与风险资产设置了门槛，导致了家庭风险资产的有限参与；无论国内还是国外，房产都是家庭资产的重要组成部分，是家庭资产的重要形式。房价的变化不但影响家庭的已有住房财富及总财富，并对有购房需求的家庭会产生影响，而且可能改变家庭对与房价有关联性的其他风险态度，最终影响家庭的风险资产选择。

内部因素方面，学者们从家庭及个人的差异性出发，研究各因素对家庭风险资产选择的影响。重点研究的因素有：背景风险、金融知识、个人及家庭属性、主观因素、生活经历和生命周期。第一，背景风险包括健康风险、收入风险和房产风险，其中健康风险包括主观健康评价和医疗支出，低主观健康评价、高医疗支出、高收入波动和高房价波动都会增加家庭的预防性储蓄，减少持有风险资产。第二，金融知识影响家庭的金融认知和决策能力。高金融知识家庭更倾向于向金融顾问寻求建议，风险性金融市场的参与程度和收益均高于低金融知识家庭。第三，个人及家庭属性方面，女性、已婚、高学历、身体健康、高经济地位被认为和高风险资产持有有关，家庭结构的影响尚有争议。第四，主观因素方面，拥有较长预期寿命、心理健康的户主，家庭风险资产持有率更高，多国家庭偏好本国投资行为。第五，生活经历方面，早期的负面生活经历会导致个人减少持有家庭风险资产。第六，生命周期方面，大多数学者认可生命周期效应的存在，即30岁以下青年家庭和60岁以上老年家庭的风险资产参与率低、配置少，中年家庭的风险资产参与率高、配置多。

近年来，家庭内部因素是家庭金融资产影响因素研究的重点，其众多因素中，生命周期较为特殊，它既是家庭风险资产选择的影响因素，也是家庭风险资产选择的结果，对其形成机制的研究，不仅是解释家庭风险资产选择的需要，也是深入理解家庭风险资产选择行为的需要。当前，在研究家庭风险资产选择行为时，大多数文献认可生命周期效应这一影响因素，在具体的建模中，简单地以年龄、年龄的平方以及是否退休表征生命周期效应因素，但并未对生命周期效应的区域差异加以区别，对生命周期效应影响家庭风险资产选择的研究不够深入。

1.2.3 家庭风险资产选择的优化研究

在研究了家庭风险资产选择行为的影响因素以后，为家庭提供风险资产选择建议很自然就成为另一个家庭风险资产选择的研究重点。学者们基于不同角度研究家庭资产选择的优化问题，资产回报角度最先受到关注。近几年有少数学者开始考虑家庭金融脆弱性，总体上对家庭资产选择的优化研究不多，但呈现出较好的研究前景。研究集中在从投资回报角度考虑为家庭提供资产选择优化建议，即如何根据家庭面临的各类风险，通过增加持有资产种类等方式降低家庭金融脆弱性。

（1）考虑家庭资产回报的优化。

已有研究表明，投资组合单一是家庭资产选择面临的最大问题，只有那些具备较强理财能力或者聘请专业金融顾问的家庭能够获得合理的投资回报，金融知识低于中位数水平的家庭其金融投资明显偏低（Gaudecker，2015）。针对家庭资产选择不当导致的资产回报低下问题，相关的优化模型、优化建议自然受到学者关注。Blanchett 和 Straehl（2015）建立了一个包含人力资本、房屋财富和养老金的投资组合，发现最优的股权分配随着年龄、就业风险和住房风险的增加而降低，随着养老金收入的增加而增加。为了实现家庭金融资产的最优化选择，Villasanti 和 Passino（2017）建立了一个具有金融顾问性质的反馈控制器，它具有比随机动态规划更低的复杂度。

（2）考虑家庭金融脆弱性的优化。

随着家庭面临的各类风险被研究者关注，家庭金融脆弱性也开始受到学者关注。Brunetti 等（2016）在研究意大利的家庭金融脆弱性时，构建了测度金融脆弱性的模型，该模型与负债没有直接关系，并区分了可预期支出和意外支出。该模型可以评估当前家庭资产结构下家庭面对确定性及意外性支出时的困难情况，是对潜在家庭金融风险的有效预警。研究表明资产组合选择是家庭金融脆弱性的决定性因素。例如，高住房拥有率增加了金融脆弱性的概率，而持有抵押贷款可以降低这个概率。Giarda（2013）使用 1998 年到 2006 年间的意大利家庭收入和财富调查，研究发现家庭资产收入和资产组合丰富性的增加可以降低家庭金融脆弱性。

（3）小结。

解释家庭资产选择行为不是家庭风险资产选择行为的唯一研究范围，家庭风险资产选择的优化研究同样受到学者们的关注。从优化角度看，主要包括家庭资产回报的优化和家庭脆弱性的优化，家庭资产回报的优化目的在于增加家庭的预期风险资产回报率，提高财产性收入；家庭脆弱性的优化目的在于预警家庭金融风险，是在金融资产本身的波动性以外，考虑背景风险等可能和金融资产相关的因素对家庭金融稳定性的影响。无论是家庭风险资产选择的优化还是降低家庭金融脆弱性，充分考虑家庭特征特别是背景风险的差异性，是上述研究在面对家庭和纯粹的投资者之间最大的不同，也是当前该研究方向的主要出发点。

1.2.4 家庭风险资产选择的特征研究

当前，家庭风险资产选择的基本特征是家庭风险资产持有不足，包括家庭风险性资产的低持有率和低配置现象。家庭风险资产选择的影响因素研究正是围绕上述特征，解释其形成机理。但是，除了风险资产持有不足这一基本特征以外，家庭风险资产选择还有需求层级效应和生命周期效应两个特征。对这些特征的解释形成了家庭风险资产选择的特征研究，需求层级效应和生命周期效应是主要的研究特征对象。需求层级效应研究中把金融资产分为交易性需求和保值增值需求，分别对应生命周期效应研究中涉及的非风险资产和风险资产。需求层级效应和生命周期效应是风险资产持有不足这一基本特征之上的细分特征，是对风险资产持有不足特征的深层次理解。

（1）金融资产需求层次效应。

凯恩斯的货币需求理论把人们持有货币的动机做了区别，分别为：交易动机、预防动机和投机动机。需求层次理论认为，人们对各种需求的满足存在层级结构特征，即当较低层次的需求被部分或全部满足后，较高层次的需求才会出现（Maslow，1954）。此外，心理账户理论从心理学角度解释家庭消费的非理性行为，该理论认为人们面对经济结果时会从心理上对其编码、分类和估价（Thaler，1999）。Xiao 和 Olson（1993）提出了金融资产的三个层级，由低到高分别是当前需要、未来需要以及自我实现需要。

在国内外的家庭风险资产选择研究中，金融需求层级效应被不断证实（Cavapozzi，2013；MacKenzie，2011；DeVaney，2007；

Yoo, 1994)。Yoo(1994)在观察美国家庭的消费财务数据后发现，低收入的年轻家庭在面临购房以及抚养儿童压力时，较少持有风险资产。在很多欧洲国家，家庭的金融资产购买有一定顺序性，他们首先购买人寿保险，在完成对不利事件的风险规避以及通过寿险保单的金融教育后，家庭逐渐投资高风险金融资产以获得更多的经济回报（Cavapozzi, 2013）。国内对家庭金融资产需求层级效应的研究较少，已有的相关研究集中在对此现象的实证发现。周弘（2015）发现中国家庭存在金融需求层级结构，交易性需求优先于保值增值需求，并受到家庭收入、生命周期和金融产品的丰富程度影响，为此他分别构建了在确定家庭收入等级、持有金融资产数量、家庭平均年龄时家庭持有各金融资产的概率，以此研究家庭金融资产持有顺序受上述 3 种因素的影响情况。实证结果显示，年收入大于 14 万元的家庭保险持有率会大于年收入小于 14 万元的家庭；随着家庭金融资产持有种类的增加，各金融资产参与比例趋于稳定；家庭平均年龄增加时，家庭保险产品持有率增加。进一步地，周弘等（2017）的研究显示，当交易性需求全部或部分满足时，保值增值需求才会产生，以工资性收入占比衡量收入水平作为门限变量，储蓄存款占金融资产比重衡量交易性需求，股票占金融资产比重衡量保值增值需求。实证结果显示，居民金融需求层级结构具有显著的门限效应，以交易性需求作为因变量时，门限值约为 73%，超过门限值以后，收入结构对交易性需求的影响增大。以金融资产作为门限变量时，门限值约为 12.1 万元，超过门限值以后，金融资产对交易性需求的影响减少。当保值增值需求作为因变量时，收入结构和金融资产总值对因变量的影响相反，具体的二者门限值分别为 75% 和 22.15 万元，当收入结构小于 75% 时，收入结构对保值增值需求的影响增大，当金融资产总值大于 22.15 万元时，金融资产总值对保值增值需求的影响增大。

（2）生命周期效应。

广义的生命周期效应是指家庭风险资产参与率随家庭年龄变化而变化的定性现象。关于风险资产生命周期效应的研究主要包括存在性研究和成因研究。

第一，生命周期效应的存在性研究。

传统资产选择理论基于完全市场理论和理性投资者假定，认为个人投资行为不受年龄影响（Tobin，1969），但是在实证研究中，学者们不断发现生命周期效应的存在。Yoo（1994）和 Mc-Carthy（2004）的研究均发现在美国，随着家庭年龄的增加，持有风险资产的比例呈现出先增加后减少的情形，即所谓的"钟型"或"倒 U 型"生命周期效应。英国、德国、意大利和荷兰等欧洲国家同样存在"倒 U 型"的生命周期效应，并且与此对应，家庭无风险金融资产配置随年龄呈现"U 型"。也有的研究重点关注处于特定生命周期阶段的家庭风险资产选择，吴卫星等（2010）认为生命周期、财富效应、住房均影响家庭资产结构。他们定义了流动性资产、金融资产（包括房产）、总资产，分别以各金融资产项目作为因变量，建立 probit 回归，利用 2007 年城市样本，发现生命周期效应某种程度上存在。Milligan（2005）基于加拿大电话调查数据，发现加拿大家庭的流动性资产在退休前较多，但在退休后非风险资产比例增加。张学勇和贾琛（2010）发现中国的青年家庭和老年家庭风险资产配置率低于中年家庭。

但有的研究并未发现生命周期效应，或者发现的生命周期效应特征不是"倒 U 型"。Ameriks 和 Zeldes（2004）发现人们随着年龄增加，股票在流动性资产中的占比并未增加。Heaton 和 Lucas（2000）甚至发现股票占流动性资产的占比同年龄成反比。也有研究得出相反的结果，Zhang（2015）论证了家庭的冒险行为有一个显著的生命周期模式，股票投资的比例在中年时期显著下降，随后增加，这与人们声称的驼峰型模式相矛盾。史代敏和宋艳（2005）使用 2002 年四川省城镇家庭财产调查数据，样本量为 500，户主年龄在 36 岁到 45 岁之间的家庭比其他年龄阶段家庭参与股市的概率平均低 2.3 个百分点，即呈现出的生命周期效应为"U 型"。吴卫星和齐天翔（2007）使用 2005 年奥尔多投资咨询中心关于 12 个大中型城市的家庭投资调查数据，样本量为 1 526，实证发现户主 35 岁以下家庭同 35 岁到 50 岁家庭持有的股票占金融资产比例差别不大，户主 65 岁以上家庭股票占金融资产占比最大，未能发现"倒 U 型"生命周期效应。对"倒 U 型"的质疑集中在参与深度上，国内的质疑文献大多使用的样本量较小、涉及城市较少，样本代表性的偏差可能导致了结论的偏差。吴卫星等（2010）使用 2007 年奥尔多中心的家庭调查数据，样本为 1 355，覆盖 15 个城市，实证发现风险资产占金融资产比重呈现出"倒 U 型"，家庭随着年龄的增加不断提高风险资产占比，35 到 50 岁年龄组达到峰值，之后逐渐降低风险资产占比。李丽芳等（2015）使用 2011 年中国家庭金融调查数据，样本包括 3 580 户城镇家庭，涵盖 25 个省、市、自治区，实证支持家庭参与风险资产的概率呈现"倒 U 型"生命周期效应特征。

第二，生命周期效应的成因研究。

随着调查数据的代表性和样本量增加，更多的研究佐证生命周期效应的存在。因此，在关于家庭风险资产配置的研究中，研究者大多认为生命周期效应是影响因素之一，以户主年龄、年龄的平方或者家庭平均年龄表征家庭年龄，在计量模型中多作为控制变量出现。

但对生命周期效应的产生机理研究较少，大多为针对实证中出现的生命周期效应进行简单的逻辑解释。McCathy（2004）认为青年家庭面临人力资本风险，且房产占据大部分资金，减少了风险资产；中年时人力资本转变为劳动收入，人力资本风险减少、财富积累增加，家庭投资风险性资产概率增大；老年时人力资本全部转化为劳动收入，人力资本较少的同时面临健康风险，老年家庭无法承受太多风险。Fagereng等（2017）使用挪威家庭资产组合的长期纵向数据得出，一个典型的挪威家庭在生命周期前期，因为积累资产的需要，会选择较多的财富进入股票市场，在退休前，则会逐步降低对股票市场的投资。Spicer（等，2016）认为澳大利亚家庭在年龄较大时更喜欢风险小、流动性强的投资组合。Bucciol等（2017）的研究证明退休的投资者更厌恶风险。也有学者认为面对未来收入及社会保障的不确定性，当人们接近退休时更愿意参与股市（Bagliano，2014）。Zhang（2015）认为"U型"生命周期效应的产生原因是，在中年时期，巨大的金融债务压力可能导致股票市场过度冒险，并可能导致家庭的资本回报率较低。

退休是生命周期影响家庭风险资产选择的重要事件，退休通过影响风险态度影响家庭参与股票，有配偶家庭和单身家庭在退休后的风险资产参与情况不同。Bucciol等（2017）的研究证明退休的投资者更厌恶风险，同时有更好的股票和债券预期回报。在美国，退休后有配偶的家庭明显减少了股票投资，而单身者的股票分配则没有明显变化（Addoum，2017）。也有学者认为面对未来收入及社会保障的不确定性，当人们接近退休时更愿意参与股市（Bagliano，2014）。

遗赠动机是另一个和生命周期有关的影响因素。当储蓄的目的是遗赠财富时，家庭更关注资产的安全性，这会导致风险资产配置的降低（吴卫星、荣苹果和徐芊，2011）。赵向琴（2015）在加入遗赠因素后建立了新的动态生命周期资产选择模型，实证发现预期寿命延长，会导致消费减少，储蓄增加，改变家庭风险资产配置。

　　第三，家庭结构常被认为和生命周期效应一起影响家庭风险资产选择。

　　家庭结构可分为核心家庭、直系家庭、复合家庭、单人家庭、残缺家庭及其他，其中核心家庭是中国家庭结构的主要形式（王跃生，2006）。研究家庭结构具有中国特色，特别是个体特征不能代表家庭特征，因此不能忽视家庭结构对家庭金融行为的影响（吴卫星和李雅君，2016）。易祯和朱超（2017）从理论和实证模型验证了风险厌恶的时变性，在实证中分别使用户主年龄和家庭成员平均年龄表征生命周期，发现年龄正向影响风险厌恶，少年人口比负向影响风险厌恶，中年和老年人口比降低风险偏好。并且发现少年人口比正向、中年和老年人口比负向影响金融资产收益率。卢亚娟等（2018）利用 PSM 方法实证发现当家庭老年人数量增加时，家庭消费增加，家庭金融资产投资降低。吴卫星和谭浩（2017）分别以家庭股票和基金持有作为因变量，在排除风险偏好的影响后，发现年龄对家庭资产选择的影响部分缘于家庭结构。他们将抚养比作为抚养支出的工具变量，实证结果显示"夹心层"家庭的支出压力正向影响风险资产选择，其中子女因素大于老人因素。王聪等（2017）选择基金和股票表征家庭风险资产，以老年人口比表征年龄结构，为了避免多重共线性，分别研究生命周期和年龄结构对家庭风险资产选择的影响，结果显示生命周期和年龄结构均能通过影响风险态度、预防性储蓄，进而影响家庭资产选择。

　　此外，也有少量文献关注风险资产配置合理性的生命周期效应，例如 Betermier（2017）观察到瑞典家庭随着年龄的增长，投资组合更关注价值投资，资产负债表也在改善，总体上与基于风险的价值溢价理论的投资组合理论相一致。

　　（3）小结。

　　家庭风险资产选择的基本特征是风险资产的有限参与，具体表现为家庭风险资产的低参与率和低配置率。在此基础上，家庭风险资产选择还有两个特征，即需求层级效应和生命周期效应，这两个特征都是风险资产有限参与特征的重要补充，是对风险资产有限参与特征的深入理解。需求层级效应方面，学者们把金融资产需求分为交易性需求和保值增值需求，认为满足交易性需求后，才有保值增值需求，从而解释了需求层级效应特征的产生；生命周期效应特征方面，学者们大多借助实证讨论生命周期效应的存在性，在特征解释时，多从年龄与风险态度、年龄与年龄结构等方面进行简单的逻辑推理解释，较少成体系的分析其产生机制，并结合实证予以证明。

1.2.5 文献评述

（1）家庭风险资产选择行为研究梳理。

家庭资产选择行为研究有两种目的，研究过程也分别围绕这两种目的展开：一是为优化家庭风险资产选择行为提供建议（建议性目的），二是解释家庭风险资产选择行为（解释性目的）。传统资产选择理论即资产组合理论是它们共同的研究基础，传统资产选择理论和在其基础上的家庭风险资产选择优化研究都是围绕第一种目的展开的，解释传统资产组合理论和现实家庭风险资产选择行为之间不同的成因；研究家庭风险资产选择的影响因素和家庭风险资产选择特征研究则是围绕第二种目的展开的。

具体地，在"建议性目的"方面，传统资产组合模型为投资者提供最优的投资建议。随着家庭金融研究的不断深入，沿袭这一脉络的研究结合家庭特征特别是背景风险，构建最优资产选择模型，为增加家庭预期金融收入、降低家庭金融脆弱性提供建议。

在"解释性目的"方面，自从传统的资产组合理论提出以后，理论上最优的风险资产选择模型和现实中家庭金融资产的有限参与特征之间的分歧，推动了家庭风险资产选择研究的不断深入。其中，在家庭风险资产选择的因素研究方面，文献从家庭外部的金融可得性、社会保障、经济金融市场稳定性、金融约束、住房市场，以及家庭内部的背景风险、金融知识、个人及家庭属性、主观因素、生活经历和生命周期等因素出发，理论和实证相结合，解释现实中家庭金融资产有限持有和有限配置的特征。进一步，学者们在实证中发现家庭金融资产有限持有的群体性差异特征，即需求层级效应和生命周期效应，需求层级效应通过对金融资产的需求分割和排序进行理论和实证研究，生命周期效应特征则停留在实证讨论存在性和简单的逻辑描述解释。

（2）家庭风险资产选择研究的不足。

第一，现有文献重视生命周期效应对家庭风险资产选择的影响，但少有对生命周期效应这一结果的研究，缺乏生命周期效应形成的机制研究。生命周期效应是一种特殊的风险资产选择影响因素，它既是因素，也是结果，对其形成机制的研究不但能解释家庭风险资产选择的经济结果，而且有利于深入理解家庭风险资产的有限持有现象。

第二，现有文献大多认可生命周期效应的存在，但少有考虑其区域差异性。中国的区域经济发展水平不均衡，城乡之间和东、中西部之间的经济发展水平差异很大，这直接影响着当地家庭的收入水平、金融可得性等。上述差异性很容易引起不同地区之间的生命周期差异性，这种差异性可能是定量上的差异，也有可能是定性上的差异，因此还有待对上述问题进行深入研究。

第三，现有的文献结合中国特点的研究较少。当前中国的老龄化进程不断深入。“二孩”政策的实施，表明在未来，60 岁以上老年家庭和 30 岁以下青年家庭的比重会增加。而典型的“倒 U 型”生命周期效应意味着 60 岁以上老年家庭和 30 岁以下青年家庭的风险资产持有率较低。从金融市场上看，未来的金融市场供给面临威胁，已有文献提到在老龄家庭"有限参与"的现状下，中国"老龄化"问题会影响资本市场的发展（李丽芳，2015），甚至有实证得出中国将步入家庭投资深度下降、投资风险增加的状况（卢亚娟等，2018），但是针对"老龄化"下的中国，如何有针对性地采取措施解决上述问题的理论和实证研究明显不足。

1.3 研究的预期目标、研究内容和方法及技术路线图

1.3.1 预期目标

本书的总体研究目标是解释中国家庭风险资产选择的生命周期效应成因，并解释其区域差异性特征，最后结合中国人口特征，在增加低风险资产选择家庭的风险资产选择方面给予针对性政策建议。具体预期目标如下：一是改进家庭风险资产选择理论机制；二是理论和实证相结合，解释中国家庭风险资产选择的生命周期效应成因和区域差异性；三是针对"倒 U 型"生命周期效应和中国人口结构特征，研究如何增加 30 岁以下青年家庭和60 岁以上老年家庭的风险资产选择。

1.3.2 研究内容和方法

本书的研究方法涉及文献研究法、归纳演绎法、定量分析法、实证研究法，下面结合具体的研究内容一并介绍。为了实现本书的总体研究目标，研究内容主要包括四个方面：

（1）家庭风险资产选择的形成机制研究。

运用文献研究法和归纳演绎法，通过分析已有的家庭风险资产选择理论研究，归纳演绎出家庭风险资产选择形成机制。具体地，基于凯恩斯的消费需求理论提到的货币资产持有动机、预防

性储蓄理论中提到的储蓄动机、金融需求层级理论提出的需求层级，从有限理性假设和市场失灵角度提出家庭风险资产选择机制。回答家庭在什么情况下会持有风险资产，为之后解释家庭风险资产选择的生命周期效应形成提供理论基础。

（2）家庭风险资产选择的生命周期效应特征、成因及差异性研究。

首先，借助定量分析方法中可测度非线性相关的 MIC 方法研究家庭风险资产选择是否存在生命周期效应，在此基础上结合图示法研究其特征；其次，运用文献研究法总结家庭风险资产选择的影响因素，寻找其中可能的存在生命周期效应的因素，使用定量分析方法中的 IVprobit 模型、IVtobit 模型验证这些变量是否影响家庭风险资产选择，在此基础上利用实证研究法研究它们的生命周期效应，解释家庭风险资产选择的生命周期效应成因；最后，再次利用实证研究法，研究家庭风险资产选择的生命周期效应区域差异，并从影响因素的生命周期效应区域差异角度给予解释。

（3）工作稳定性的生命周期效应和对家庭风险资产选择的影响研究。

借助归纳演义法，基于家庭风险资产选择机制，从理论上研究工作稳定性对家庭风险资产的影响及其生命周期效应，使用定量分析方法中的 probit 模型、tobit 模型实证验证工作稳定性如何影响家庭风险资产选择，使用图示法研究工作稳定性的生命周期效应。在此基础上进行增加 30 岁以下青年家庭风险资产选择的政策研究。

（4）养老观念的生命周期效应和对家庭风险资产选择的影响研究。

借助归纳演绎法，基于家庭风险资产选择机制，从理论上研究养老观念对家庭风险资产的影响及其生命周期效应，使用定量

分析方法中的 IVprobit 模型、IVtobit 模型实证验证养老观念影响家
庭风险资产选择，使用图示法研究养老观念的生命周期效应。在
此基础上进行增加 60 岁以上老年家庭风险资产选择的政策研究。

1.3.3 技术路线图

本书的研究脉络遵循"先理论，后实证""先呈现，后解
释""先一般，后特殊""先结论，后建议"的准则，具体技术
路线见图 1.2。

（1）先理论，后实证。

本书首先从凯恩斯的货币需求理论、预防性储蓄理论和金融
需求层级理论出发，提出家庭风险资产选择机制，在此基础上结
合家庭风险资产选择因素的生命周期效应，提出家庭风险资产选
择生命周期效应的产生机制。基于家庭风险资产选择机制，结合
实证分别研究工作稳定性对家庭风险资产选择的影响和养老观念
对家庭风险资产选择的影响；基于家庭风险资产选择生命周期效
应的产生机制，结合实证，解释中国家庭风险资产选择的生命周
期效应现状。

（2）先呈现，后解释。

本书首先研究中国家庭风险资产选择的生命周期效应现状特
征，再从理论出发结合实证解释上述特征。

（3）先一般，后特殊。

体现在两点，一是先研究全样本家庭的风险资产选择生命周
期效应现状特征，再研究生命周期效应在城乡、东中西部家庭之
间的差异性；二是先研究全样本的风险资产选择生命周期成因，
再分别研究存在劳动收入群体和拥有养老计划家庭的风险资产选
择生命周期效应。

（4）先结论，后建议。

所有政策建议的提出，均有对应的理论和实证研究作为基

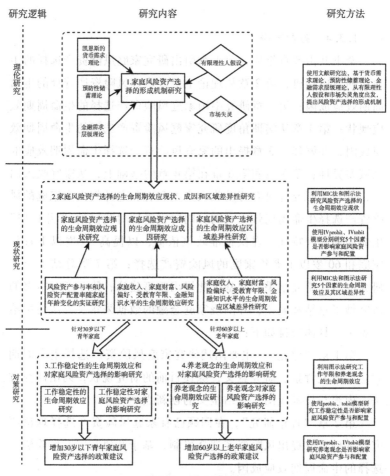

图 1.2　技术路线图

础。例如：关于提高 60 岁以上老年家庭的风险资产选择的政策
建议，源于养老观念对家庭风险资产选择的影响研究；关于提高
30 岁以下青年家庭的风险资产选择的政策建议，源于工作稳定
性对家庭风险资产选择的影响研究；关于缩小区域内部和区域之
间家庭风险资产选择的政策建议，源于对中国家庭风险资产选择
生命周期效应的解释。

1.3.4 各章安排

全书共由 8 章组成，第 1 章引出研究家庭风险资产选择的生命周期效应动机；第 2 章从理论上研究家庭风险资产选择的生命周期效应成因；第 3 章研究中国家庭风险资产选择的生命周期效应现状；第 4 章从实证角度研究家庭风险资产选择的生命周期效应成因，并解释第 3 章提出的家庭风险资产选择生命周期效应的区域差异性；第 5 章和第 6 章在第 4 章的基础上，从家庭收入出发，进一步研究针对有劳动收入户主和有养老计划户主家庭的风险资产选择生命周期效应成因，同时也是针对我国的"倒 U 型"生命周期效应特征，提供精准政策依据，以提高 30 岁以下青年家庭和 60 岁以上老年家庭的风险资产选择；第 7 章总结了全书研究内容和研究结果，并基于此提出政策建议；第 8 章对本书的研究做了总结和展望，并围绕家庭金融的数据采集、方法使用给出思考。具体安排如下：

第 1 章"绪论"，主要阐述研究家庭风险资产选择生命周期效应的研究背景、研究意义，综述目前的研究现状，列出研究方法、内容与技术线图，总结全文的创新点。

第 2 章"理论研究"，在回顾已有家庭风险资产选择理论研究的基础上，提出风险资产选择机制，基于此研究家庭风险资产选择的生命周期效应成因。

第 3 章"中国家庭风险资产选择的生命周期效应现状"，从风险资产总量、股票、基金的参与和配置角度，全面细致研究了全样本、城乡、东中西部的家庭风险资产选择生命周期效应现状。

第 4 章"中国家庭风险资产选择的生命周期效应实证研究"，基于第 2 章研究的家庭风险资产选择生命周期效应机制，从实证角度解释第 3 章提到的中国家庭风险资产选择的生命周期效应现状，为精准减少区域间和区域内家庭风险资产选择差异提供政策建议基础。

第 5 章 "工作稳定性的生命周期效应及其对家庭风险资产选择的影响研究"，基于第 2 章提出的家庭风险资产选择机制，研究工作稳定性对家庭风险资产选择的影响，并分析工作稳定性的生命周期效应，为针对性提高 30 岁以下青年家庭风险资产选择提供政策建议基础。

第 6 章 "'自我养老'观念的生命周期效应及其对中国家庭风险资产选择的影响研究"，基于第 2 章提出的家庭风险资产选择机制，研究养老观念对家庭风险资产选择的影响，并分析养老观念的生命周期效应，为针对性提高 60 岁以上老年家庭风险资产选择提供政策建议基础。

第 7 章 "结论与政策建议"，总结全书的研究结论，基于第 4 章、第 5 章、第 6 章的研究结果，分别为精准减少区域间和区域内家庭风险资产选择差异、提高 30 岁以下青年家庭和 60 岁以上老年家庭风险资产选择提供政策建议。

第 8 章 "研究展望与实证研究思考"，根据本书的研究内容，给出 6 个方面的研究展望。同时，针对大数据的冲击，思考未来家庭金融实证研究的数据采集和方法如何与时俱进。

1.3.5　数据来源

全书宏观数据来源于《中国统计年鉴》，家庭数据来源于中国家庭金融调查与研究中心于 2013 年完成的中国家庭金融调查（China Household Finance Survey，简称 CHFS），调查信息涉及家庭成员的人口统计学特征、保险与保障、家庭的资产与负债、支出与收入 4 个方面。该项调查覆盖 29 个省（直辖市、自治区）262 个县（市），调查家庭 28 143 户。

第 3 章和第 4 章在去掉变量有缺失值的家庭后，得到 17 378

户家庭观测数据（为了便于和其他样本区别，称为"全样本数据"），其中城镇家庭 11 757 户、农村家庭 5 621 户，东部家庭 7 990 户、中部家庭 5 432 户、西部家庭 3 956 户。

第 5 章的研究对象是户主有工作的家庭，要求户主有工作且年龄限定在 17 到 60 周岁，在全样本数据中删去户主没有工作以及年龄大于 60 岁的观测值后，得到户主有工作的家庭 4 950 户。其中城镇家庭 4 222 户、农村家庭 728 户，东部家庭 2 541 户、中部家庭 1 326 户、西部家庭 1 083 户。

第 6 章的研究对象是有养老计划的家庭，40 岁以上户主有养老计划的比例高（详见 6.2.1 小节），在全样本家庭中删去户主年龄小于等于 40 岁的观测值后，得到户主有养老计划比例较高的家庭 13 837 户。其中城镇家庭 8 858 户、农村家庭 4 979 户，东部家庭 6 280 户、中部家庭 4 498 户、西部家庭 3 059 户。

1.4　创新点

本书的创新有如下四点：

（1）基于有限理性假定和市场失灵因素的家庭风险资产选择形成机制研究。

关于家庭风险资产选择，现有文献大多集中在影响因素研究上，较少研究其形成机制，现有的风险资产选择机制较少考虑有限理性假定和市场失灵，本书将从有限理性假定出发，结合市场失灵研究家庭风险资产选择的形成机制，为家庭风险资产选择的形成机制研究提供边际贡献。

（2）家庭风险资产选择的生命周期效应定量研究。

已有文献在研究家庭风险资产选择的生命周期效应特征时，多使用图示法等定性方式，少有定量研究，特别针对"倒 U 型"

这类非线性相关性的测度较少，本书将使用大数据非线性相关测度方法，在定量研究家庭风险资产选择的生命周期效应特征方面提供边际贡献。

（3）我国家庭风险资产选择的区域差异现状和成因研究。

已有文献大多利用实证结果研究生命周期效应的存在性，并在理论和实证模型建立时，将生命周期效应看作家庭风险资产选择的影响因素，少有将生命周期效应看作经济结果，有部分文献对其产生过程仅仅是简单的逻辑描述，少有完整的产生机制理论和实证研究。本书将在生命周期效应的形成机制方面提供边际贡献。此外，在进行生命周期效应相关研究时，现有文献较少研究其区域差异性。中国的区域经济发展不平衡，可能导致区域间的收入水平、金融可得性等家庭风险资产选择因素存在差异，因此生命周期效应可能存在区域差异，本书将在生命周期效应的区域差异研究方面提供边际贡献。

（4）结合中国人口结构特征，研究 30 岁以下青年家庭和 60 岁以上老年家庭的低风险资产选择成因及对策。

稳定充足的金融供给是金融市场繁荣的重要保障，典型的"倒 U 型"生命周期效应意味着 30 岁以下青年家庭和 60 岁以上老年家庭的风险资产持有率低，严重影响金融市场供给，部分文献关注到这一问题，但少有给出针对性政策建议。本书分别研究了工作稳定性和养老观念对 30 岁以下青年家庭和 60 岁以上老年家庭的风险资产选择影响，在此基础上结合工作稳定性和养老观念的生命周期效应特征以及 30 岁以下青年家庭和 60 岁以上老年家庭在金融知识水平等方面的特征，为提高这两类家庭风险资产选择提供政策建议。

第 2 章 理论研究

2.1 概念界定

2.1.1 家庭资产

本书基于 CHFS2013 的调查，对家庭进行定义，即以婚姻和血缘为纽带的基本社会单位。目前，尚未形成对家庭资产的权威定义。国民经济核算体系（the System of National Accounts，简称 SNA）2008 年版本从核算国民经济的角度对资产有如下定义："资产是一种价值贮藏手段，它代表经济所有者在一段时期内通过持有或使用该实体所生成的一项收益或系列收益。它是一种凭依，价值由此可以从一个核算期转移到另一个核算期。"会计学从核算企业经济的角度对资产的定义是："指对过去的交易或事项形成的、由企业拥有或控制的、预期会给企业带来经济利益的资源。"参照上述关于"资产"的定义，本书从核算家庭经济的角度将家庭资产定义为："能够用货币计量的、由家庭拥有或控制的、预期会给家庭带来经济利益的资源。"家庭资产减去负债为家庭净资产，即家庭财富。家庭资产是一个存量概念，根据研究的需要，家庭资产的分类并不统一。按照形态可分为金融资产和非金融资产，按照流动性可分为固定资产和流动资产，考虑到住房资产的高占比还可将资产分为住房资产和非住房资产。
SNA2008 将资产分为金融资产和非金融资产，本书沿用这一分
类方法。史代敏（2012）将居民资产分为金融资产和实物资产，
金融资产包括现金、存款、股票及其他产权、股票以外的证券、
储蓄性保险、其他应收应付款等；实物资产包括住宅、耐用消费
品和生产性固定资产。本书基于此并结合 CHFS2013 的调查项
目，进行了资产项目分类如表 2.1 所示。

表 2.1   按照资产形态的资产项目分类表

金融资产	非金融资产
活期存款、定期存款、股票、债券、基金、衍生品、金融理财产品、非人民币资产、黄金、现金和借出款	生产性固定资产、住宅、耐用消费品

资料来源：根据 SNA2008 和史代敏（2012）对资产的分类以及 CHFS2013 的具
体调查项目得到。

2.1.2 家庭金融资产

家庭金融资产，即非实物形态的家庭资产。对金融资产分类
有代表性的有两类：一是依据流动性；二是依据风险性。吴卫星、
齐天翔（2007）、吴卫星等（2010）以接近于 Cocco（2005）的分
类方法，定义了流动性资产、金融资产和总资产，流动性资产包
括：现金、股票、存款、基金、外汇、期货和个人理财，金融资
产包括：流动性资产、借出款、住房公积金、保险、家庭经营活
动占用资金、除去股票和债券的企业投资以及住房，总资产包括
金融资产、生产性固定资产、耐用消费品和其他资产。

尹志超等（2015）将家庭金融资产分为风险资产和无风险
资产，其中风险资产根据是否为借出款又可分为正规金融市场的
风险资产和非正规金融市场的风险资产，中国家庭金融调查
（CHFS）中的金融资产调查项目有活期存款、定期存款、股票、

债券、基金、衍生品、金融理财产品、非人民币资产、黄金、现金和借出款。这两种对金融资产的分类，最大不同在于吴卫星等按照流动性而非风险分类，并认为住房是金融资产。

结合已有金融资产分类及金融资产调查数据项目，本书将家庭金融资产分为风险性金融资产和无风险性金融资产。风险性金融资产又分为正规风险性金融资产（以下简称"风险资产"）和非正规风险性金融资产，风险资产包括股票、金融债券、公司（企业）债券、其他债券、基金、衍生品、金融理财产品、非人民币资产和黄金，非正规风险性金融资产主要指借出款。无风险性金融资产包括：活期存款、定期存款、国库券、地方政府债券、现金和股票账户现金。

2.1.3 家庭风险资产选择

家庭风险资产选择行为指和家庭风险资产选择有关的家庭行为，包括家庭的各类正规风险性金融资产参与和配置。其中风险资产参与指家庭是否持有某项正规风险性金融资产，可看作持有风险资产的广度；风险资产配置指家庭持有正规风险性金融资产占其家庭金融资产的比重，可看作参与风险资产的深度。

风险资产参与的测度较为简单，直接根据家庭是否持有某种正规风险性金融资产即可判断；风险资产配置的测度常使用比值确定，在具体测度时需要考虑两个方面：一是分子和分母的确定。确定分子时，根据研究目的可以是正规风险性金融资产总量或者各风险性金融资产项目；确定分母时，根据金融资产的定义不同，在把金融资产分为风险性金融资产和无风险性金融资产时多使用金融资产总量，把金融资产按照流动性分类时多使用流动性资产（吴卫星和齐天翔，2007），无论哪种定义方法均在分母中排除了借出款、住房。二是目标家庭范围的确定，包括未持有风险资产的家庭，即为无条件风险资产配置，反之则为有条件风险资产配置，国外一般两种都研究，国内大多研究无条件风险资产配置。

本书的研究重点是家庭风险资产选择的生命周期效应，为了保持理论研究和实证数据的一致性，按照风险性对金融资产分类，因此在测度风险资产配置时，分母为家庭金融资产总量。本书家庭金融资产配置的相关测度如下：

风险资产占比指正规风险金融资产占金融资产的比例，股票等具体风险资产占比指股票等风险资产占金融资产的比例。上述资产配置分别在有条件资产配置和无条件资产配置定义下测度。

2.1.4 家庭风险资产选择的生命周期效应

生命周期是指一个对象的生老病死。生命周期的概念应用很广泛，特别是在政治、经济、环境、技术、社会等诸多领域经常出现，其基本涵义可以通俗地理解为"从摇篮到坟墓"的整个过程。家庭风险资产选择的生命周期效应就是指随着家庭年龄变化，家庭风险资产选择的变化特征。可以从两个角度理解：一是某一家庭随着户主年龄的增加，参与风险资产市场的特征；二是某一时期，整个社会所有家庭的风险资产参与率和参与程度随年龄变化呈现的特征。在具体研究中，追踪单个家庭整个生命周期的家庭风险资产选择行为比较困难，因此多数文献研究同一时期不同年龄阶段家庭的风险资产选择行为。在测度家庭年龄时，文献较多使用户主年龄，也有部分文献使用家庭成员平均年龄。本书以户主年龄表征家庭年龄，户主指家庭的主要经济承担者和经济决策者，以户主表征家庭年龄较为合理。

综上，本书研究的家庭风险资产选择的生命周期效应，指同一时期、一个地区家庭风险资产选择随家庭户主年龄变化的特征，具体包括家庭风险资产参与率随户主年龄变化的特征，以及家庭风险资产配置率随户主年龄变化的特征。

2.2 理论准备

2.2.1 凯恩斯货币需求理论

1929～1933 年的经济大萧条后，凯恩斯（Keynes）于 1936 年出版了著名的《就业、利息和货币通论》，并且提出了流动性偏好货币需求理论，深入研究持有货币需求的动机。凯恩斯认为人们对货币的需求来源于三大动机：一是交易动机，人们要进行日常的商品交易需要持有货币；二是预防性动机，人们应对不确定性的突发事件需要持有货币；三是投机动机，人们根据对市场变化的预测，在投机活动时需要持有一定数量的货币来满足从中投机获利的动机。由交易动机和预防动机而产生的货币需求，这两者均与商品交易相关，因此称为与收入相关的交易性需求。由投机活动所持有的货币满足投机获利的动机与利率相关，因此称为与利率相关的投机性需求。凯恩斯货币需求理论由这两部分构成，共同构成了凯恩斯货币需求函数。也就是说，货币总需求是货币交易需求和投机需求之和，货币总需求主要是由两个因素决定的，即收入和利率。

凯恩斯需求理论的一个重要特点是将投机性需求列入货币需求的范围，不仅商品规模变量和价格变量会影响货币需求，利率变动也会影响货币需求。因此，凯恩斯根据以上思想得出了一个重要的政策性理论即当国内需求严重不足的情况下，政府可以通过降低市场利率，提高货币供应量，鼓励企业扩大投资，为社会增加就业和产出，从而实现货币政策目标。

2.2.2 金融需求层级理论

心理账户理论从心理学角度解释家庭消费的非理性行为，该理论认为人们面对经济结果时会从心理上对其编码、分类和估价

（Thaler，1999）。Xiao 和 Olson（1993）提出了金融资产的三个层级，由低到高分别是当前需要、未来需要以及自我实现需要。在实证中，金融需求层级理论不断被证实（Anderson 等，2015；MacKenzie，2011；DeVaney 等，2007）。

周弘（2017）将家庭金融需求分为交易性需求和保值增值需求，其中交易性需求包括预防性需求、谨慎性需求和交易性需求，这样划分的出发点是现实中难以区分交易性需求、预防性需求以及谨慎性需求，当家庭的交易性需求被满足以后，才会考虑满足保值增值需求。周弘（2017）提出的金融需求机制解释了家庭持有不同金融资产的顺序性，但未能全部解释家庭持有无风险资产的原因。

2.2.3　预防性储蓄理论

凯恩斯最早提出了绝对收入理论，他认为家庭当期收入水平直接影响着家庭当期消费水平。1949 年，Modigliani（2004）提出了将过去的收入加入到消费者的决策函数中去，这就是相对收入理论。相对收入理论认为影响当期消费水平的因素不仅是当期收入水平，还应该包括横向和纵向收入，即个人过去的消费水平和同水平他人的消费水平。相对收入理论比起绝对收入理论又更加向前了一步。这两种假设均有不足之处，即对现实解释力很弱，1957 年，Friedman（1957）提出持久收入理论，认为收入分为永久性收入和临时性收入，而影响当期消费水平的应当是永久性收入。后来，生命周期理论（20 世纪 80 年代）把人们在各个时期的收入加入到消费者的决策函数中去，认为影响人们消费决策的因素是人整个生命周期的收入，而不仅是当期的收入。这一理论认为人不会把自己全部的财富用于当期的消费，如果当期消费较高，则边际效用就会递减，人们会用总收入去约束每个时期的消费水平，使其平滑化。此外，预期寿命的延长将有可能增加预防性储蓄（蔡昉，2009）。

以上四种理论都是假设没有任何风险，并且未来是可以预测的，没有考虑到"人"的因素，而人具有不确定性，现实社会瞬息变化，突发的收入与消费都是无法预料的，例如突发疾病，突发地震、火灾、失业，都会对人们的储蓄和消费造成很大的影响，人们很难对日后的经济决策环境做出一个精准的判断。因此，当面临不确定收入与消费时，人们出于平滑的目的就会减少当期消费，将剩余的部分进行储蓄以备不时之需，即为未来的不确定性做预防性储蓄，这就是预防性储蓄理论。

1968 年，Leland（1968）最先研究了预防性动机模型，他认为效用函数的三阶导数大于零，这表示预防性储蓄动机的存在。面对未来收入的不确定性，为了平滑消费，消费者通常会减少当期消费而增加当期储蓄。1989 年 Zeldes（1989）提出了预防性储蓄模型，该模型加入不确定性因素，假设消费者在进行跨期决策时，会对当期消费和未来消费做出最优决策。研究发现不确定性会影响消费者做出最优选择并使其效用预期值最大化。在预防性储蓄动机强度方面，Kimball（1990）为预防性储蓄理论做出了重要贡献，他发现边际效用函数的大小导致人们对风险的厌恶程度不同，他使用谨慎系数来代表人们对待风险的厌恶程度，对待风险持谨慎态度的消费者在遇到不确定性时，通常会选择增加当期储蓄。

在预防性储蓄的测算方面，Carrol 和 Samwick（1998）基于缓冲存货模型，利用美国 1981～1987 年间的家庭和个人的调查数据，计算总财富中有约 32%～50% 的财富由不确定性引起。其他国家的预防性储蓄现象同样被印证，据测算，德国家庭有20% 的净资产出于预防动机（Bartzsch，2008），意大利则有15%～36% 的预防性储蓄（Ventura 和 Eisennauer，2006）。我国同样存在包括为未来投资在内的预防性储蓄行为（李实和

Knight，2002)，预防性储蓄占存款比例在 2005～2009 年间为
20%～30%之间（雷震和张安全，2013)，农村家庭比平均水平
的预防性储蓄率高约 8%（宋明月和臧旭恒，2016)，西部农村
高于中东部农村（易行健等，2008)。

2.2.4 已有研究的不足

对非风险资产选择的成因解释不充分是当前风险资产选择理
论的一个不足点。凯恩斯的货币需求理论认为货币的持有动机包
括交易动机、预防动机和投机动机；金融需求层级理论在此基础
上强调了需求的顺序性，交易需求的层级高于保值增值需求；预
防性储蓄理论强调了预防动机对家庭提高非风险资产选择的影
响。上述理论均未完整地解释非风险资产选择的来源，实际的非
风险资产除了满足交易动机和预防动机以外可能没有全部成为风
险资产，对那部分未成为风险资产的成因解释力度不足，原因是
上述理论均基于理性人假设提出，并且没有考虑由信息不对称导
致的市场失灵现象。在理性经济人假设下，如果不存在市场失灵
现象，家庭的非风险资产将仅用于满足交易动机和预防动机，不
会存在满足交易动机和预防动机之后仍然有剩余金融资产以非风
险资产形态存在，因为此时追求利益最大化的理性人会将剩余的
非风险资产转化为风险资产。但是存在信息不对称导致的市场失
灵时，部分家庭因不了解完整的市场信息可能导致不持有或少持
有风险资产。更重要的是，当家庭的投资决策者是有限理性时，
不了解金融市场的家庭决策者们同样会不持有或者少持有风险资
产。有限理性由 Simon（1972）提出，他认为人们的知识和计算
能力是有限的，不可能掌握所有信息、了解所有规律，人们只能
在这有限的知识和计算能力下，做出对自己最有利的选择。金融
知识能够影响家庭风险资产选择就是有限理性人假设的一个有力
佐证，现有文献认为金融知识能够影响家庭风险资产选择，对照

金融资产需求动机可以发现，金融知识不影响交易动机和预防动机，但确实影响了风险资产选择，因此，金融资产在满足交易动机和预防动机以后的剩余金融资产和实际风险资产之间存在差异，金融知识正是影响了这种差异，才最终影响了家庭风险资产选择，这显然与理性经济人假设不符。

2.3　家庭风险资产选择的形成机制研究

2.3.1　家庭风险资产选择机制

　　家庭持有的金融资产可分为非风险性金融资产和风险资产。非风险性金融资产和风险性金融资产的各自特点为：非风险性金融资产具有流动性大、风险小、收益小（现金无收益，存款低收益）的特点；风险资产具有流动性小、风险大、平均收益大的特点。结合凯恩斯的货币需求理论和金融资产需求层级理论，本书提出家庭潜在风险资产形成机制如下：

　　按照凯恩斯的货币需求理论，家庭持有金融资产的三个动机分别是：交易动机、预防动机和投机动机。交易动机的出发点是家庭为了消费、进而满足家庭成员的效用；预防动机的出发点是家庭为了预防收入波动性和潜在支出；投机动机的出发点是家庭为了资产的保值和增值。另外根据金融资产需求层级理论，交易动机和预防动机的需求层级高于投机动机。

　　本书沿袭了金融资产的需求由交易动机、预防动机和投资动机组成，并且交易动机、预防动机的需求层级高于投机动机，本书以有限理性人假设出发，并认为市场存在由信息不对称导致的市场失灵现象。市场失灵表明有效的市场信息难以传递给家庭，有限理性人假设则表明家庭对有效的市场信息理解不完整。市场失灵和有限理性人假设分别从家庭外部和内部解释了风险资产转化率的成因，风险资产转化率决定金融资产在满足交易动机和预防动机后有多大比例转化为实际风险资产。本书认为家庭金融资产在满足交易动机和预防动机后的剩余金融资产为家庭潜在风险资产，潜在风险资产和风险资产的比值为风险资产转化率。

详细的家庭风险资产形成机制参考图 2.1。家庭的金融资产首先要以非风险资产形态满足交易动机和预防动机，剩余的金融资产即为潜在风险资产。它将有可能以两种形态存在，当潜在风险资产大于 0 且风险资产转化率大于 0 时，家庭将持有风险资产以满足投机动机。如果风险资产转化率小于 1，则潜在风险资产将有一部分以非风险资产形态存在，即图 2.1 中的非风险资产 3。此时，非风险资产总量的形成有三个原因：一是满足交易动机，二是满足预防动机，三是风险资产转化率小于 1。

2.3.2 家庭实际持有非风险资产的成因

按照上述理论，非风险资产的形成有三个原因：一是交易动机，二是预防动机，三是风险资产转化率小于 1。

2.3.3 家庭不持有风险资产的成因

家庭不持有风险资产的原因有两种：一是家庭金融资产全部为非风险金融资产形态，仍未能满足交易动机和预防动机，即潜在风险资产为 0；二是家庭金融资产全部为非风险金融资产形态时，在满足交易动机和预防动机后有剩余，即潜在风险资产大于 0，但风险资产转化率为 0。

2.3.4 家庭低风险资产配置的成因

家庭持有风险资产但风险资产配置率较低的原因是：家庭金融资产全部为非风险金融资产形态时，在满足交易动机和预防动机后有剩余，即潜在风险资产大于 0，但风险资产转化率大于 0

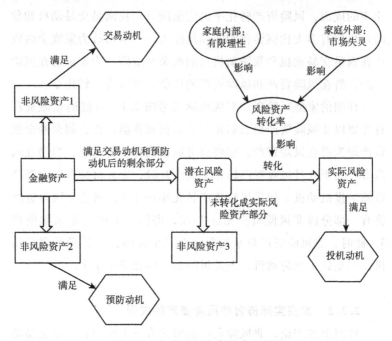

图 2.1 家庭风险资产形成机制图

注：

非风险资产 1，指非风险资产中满足交易动机的那部分。

非风险资产 2，指非风险资产中满足预防动机的那部分。

非风险资产 3，指潜在风险资产中未转化为实际风险资产的那部分。

金融资产 = 非风险资产 1 + 非风险资产 2 + 非风险资产 3 + 实际风险资产

实际非风险资产总量 = 非风险资产 1 + 非风险资产 2 + 非风险资产 3

潜在风险资产 = 金融资产 - 非风险资产 1 - 非风险资产 2

实际风险资产 = 潜在风险资产 × 风险资产转化率

非风险资产 3 = 潜在风险资产 - 实际风险资产

且小于 1。

风险资产转化率指潜在风险资产转化为实际风险资产的比例，影响家庭风险资产转化率大小的原因有两个方面，一是家庭外部因素，例如市场失灵程度、经济金融市场稳定性、当地的金

融服务水平；二是家庭内部因素，主要指金融知识水平等可导致
家庭决策者有限理性的因素。风险资产转化率集中体现了家庭内
外部因素阻碍潜在风险资产转化为风险资产的结果。风险资产转
化率越大，则家庭内外部阻碍因素对潜在风险资产转化为风险资
产的阻力越大；风险资产转化率为1，表示家庭不存在阻碍潜在
风险资产转化为风险资产的因素。

2.4 家庭风险资产选择影响因素纳入风险资产选择形成机制

已有文献研究了家庭内外部因素对家庭风险资产选择的影响
研究。实际上，家庭内外部因素通过影响预防动机和风险资产转
化率，最终影响家庭风险资产选择。

2.4.1 家庭外部因素纳入风险资产选择机制

金融市场稳定性和金融约束是家庭参与风险资产的客观条件，
他们直接影响风险资产选择的转化率。当金融市场不稳定时，家
庭持有潜在风险资产时，会出于谨慎的考虑不实际持有风险资产；
当存在信息不对称时，家庭不能直接接触市场有效信息，即使持
有潜在风险资产，也有可能因有效信息不足，放弃持有风险资产。

2.4.2 家庭内部因素纳入风险资产选择机制

第一，背景风险。背景风险包括收入风险、健康风险和房产
风险，他们的存在直接影响家庭的预防动机。当背景风险增加
时，无论是家庭收入的不确定性在增加，还是健康风险在增加，
均会增加家庭预防动机，这样当家庭金融资产一定时，在满足交
易动机和预防动机以后剩余的潜在风险资产降低，在风险资产转

化率一定时，实际风险资产降低甚至为 0。

第二，金融知识。金融知识直接影响风险资产转化率。金融知识水平越高，家庭对各风险资产项目的理解越深，金融资产选择更趋理性，按照传统的经济学理论，理性的投资者除非极度厌恶风险，一般都会合理的配置一些风险资产。此外，金融知识水平越高越有利于家庭从风险资产市场获益，这有利于家庭配置更多的风险资产。因此，高金融知识水平通过正向影响风险资产转化率，在潜在风险资产不为 0 时，提高实际风险资产配置。

第三，个人及家庭属性、主观因素、生活经历。这些因素均可以影响预防动机，例如：风险厌恶程度高的家庭，预防动机较高，最终导致潜在风险资产不足。

第四，收入及财富水平。收入及财富影响潜在风险资产选择额度，当其他因素一定，收入或财富增加时，金融资产总量会增加，当家庭在满足交易动机和预防动机之后，剩余的潜在风险资产增加，风险资产转化率一定时，实际风险资产必然增加。

2.5 家庭风险资产选择影响因素的 生命周期效应研究

依据已有的家庭风险资产选择因素研究，本书认为以下因素存在生命周期效应：家庭收入、家庭财富、风险偏好、受教育年限、金融知识。

2.5.1 家庭收入的生命周期效应

家庭收入和劳动效率有关，已有文献认为劳动效率存在"倒 U 型"生命周期效应，因此和劳动效率成正相关的劳动收入存在"倒 U 型"生命周期效应。

2.5.2 家庭财富的生命周期效应

家庭财富和家庭收入有关，家庭收入存在"倒 U 型"生命周期效应时，家庭财富也有存在"倒 U 型"生命周期效应。

2.5.3 风险偏好的生命周期效应

已有文献支持随着年龄增加，投资者的风险偏好趋于保守，因此家庭户主的风险偏好存在递增型生命周期效应，即年龄越大，户主越厌恶风险。

2.5.4 受教育年限的生命周期效应

中国的教育水平不断提升，青年的受教育年限长于中老年的受教育年限，但如果青年的年龄过小，则所受教育尚未结束，因此预计家庭户主的受教育年限存在"倒 U 型"生命周期效应。

2.5.5 金融知识的生命周期效应

伴随着中国经济金融水平的不断发展和教育水平的逐步提高，中国家庭的金融知识水平持续提升，中老年户主的学习能力弱于青年，但户主年龄过小时，其金融知识储备和实践不足，因此家庭户主的金融知识水平预计呈现"倒 U 型"生命周期效应。

2.6 家庭风险资产选择的生命周期效应形成机制研究

家庭风险资产选择影响因素能够影响金融资产总量、预防动机和风险资产转化率，在此基础上影响家庭风险资产选择，当这些因素存在生命周期效应时，家庭风险资产选择将呈现生命周期效应。上一节的研究显示家庭收入、家庭财富、风险偏好、受教育年限、金融知识存在生命周期效应。

具体地，家庭收入和家庭财富影响金融资产总量，是风险资产的"源头"，只有当金融资产满足交易动机和预防动机以后有剩余，才有潜在风险资产，因此，家庭收入和家庭财富对风险资产选择的生命周期效应起到基础性作用，风险偏好影响预防动机，受教育年限和金融知识影响风险资产转化率。除去极端情形，家庭收入和家庭财富是家庭风险资产选择的主要影响因素。

综上，户主年龄较小时（例如小于 30 岁时），受家庭收入、家庭财富、受教育年限和金融知识的生命周期影响，家庭风险资产选择随着年龄有递增趋势，风险偏好的递增型生命周期效应的存在将降低这个递增趋势；户主年龄进入中老年时，受家庭收入、家庭财富、受教育年限和金融知识的生命周期影响，家庭风险资产选择随着年龄有递减趋势，风险偏好的生命周期效应的存在将加大递减趋势。这就解释了家庭风险资产选择为什么会呈现出"倒 U 型"生命周期效应，家庭风险资产选择的生命周期效应形成机制见图 2.2。

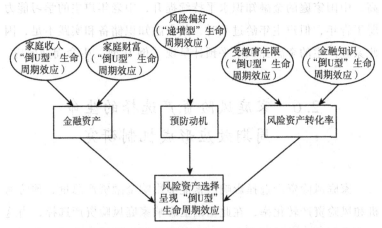

图 2.2 家庭风险资产选择的生命周期效应形成机制图

第3章 中国家庭风险资产选择的生命周期效应现状

3.1 变量定义

3.1.1 家庭年龄

已有文献在研究家庭特征时，多使用家庭户主信息表征，即家庭年龄多用家庭户主年龄代表，也有少数文献使用家庭平均年龄代表。户主是指家庭经济来源的主要承担者，包括家庭年龄在内的家庭特征以户主特征表征较为合理，同时为了和家庭风险偏好、受教育水平、金融知识水平等家庭特征代表上保持一致，本书沿用大多数文献的做法，以户主年龄代表家庭生命周期变量。

3.1.2 基于户主年龄的家庭分类

（1）老年家庭。

世界卫生组织和我国《老年人权益保障法》均把 60 岁以上的人认定为老年人。本书借用这一分类方法，将户主年龄大于 60 岁的家庭称为"老年家庭"。

（2）青年家庭。

世界卫生组织把 15 岁以上、44 岁以下的人认定为青年人，我国共青团章程把 14 周岁以上、28 周岁以下的人称为"青年人"。本书基于世界卫生组织的定义，将 16 周岁以上、44 周岁以下家庭称为"青年家庭"。另外，本书的研究显示，我国30岁以下家庭风险资产选择程度较低。为了便于研究，本书在青年家庭中专门定义了30岁以下青年家庭，即户主年龄为16～30周岁。

（3）中年家庭。

世界卫生组织将44岁以上、60岁以下的人定义为中年人，本书沿用这一定义。

3.1.3　金融资产和风险资产变量

（1）金融资产。

金融资产包括风险性金融资产和非风险性金融资产，其中风险性金融资产包括正规风险性金融资产和借出款。

（2）风险资产。

本书的风险资产特指正规金融市场上的风险性金融资产，具体包括：股票、债券中的金融债券、公司（企业）债券、其他债券、基金、衍生品、金融理财产品、非人民币资产和黄金。

3.1.4　风险资产选择变量

（1）风险资产参与。

家庭风险资产参与指家庭至少持有一种风险资产，反之则称家庭未持有风险资产。

（2）股票参与。

家庭股票参与指家庭持有股票，反之则称家庭未持有股票。

（3）基金参与。

家庭基金参与指家庭持有基金，反之则称家庭未持有基金。

（4）风险资产配置率。

家庭风险资产配置率指家庭金融资产中风险资产的占比。

（5）股票配置率。

家庭股票配置率指家庭持有股票市值占其家庭金融资产的占比。

（6）基金配置率。

家庭基金配置率指家庭持有基金市值占其家庭金融资产的占比。

3.2　中国家庭风险资产概况

3.2.1　家庭资产概况

2013 年我国家庭金融资产概况如表 3 - 1 所示。

（1）资产方面。

中国家庭平均资产 77.33 万元，其中城镇家庭平均 87.8 万元，农村家庭平均 29.97 万元；东部家庭平均 98.28 万元，中部家庭平均 42.57 万元，西部家庭平均 43.74 万元。城镇家庭平均资产超过农村家庭 3 倍，东部家庭平均资产分别超过中部和西部家庭 2 倍。

（2）家庭财富方面。

中国家庭平均财富 74.50 万元，其中城镇家庭平均 84.55 万元，农村家庭平均 26.61 万元；东部家庭平均 95 万元，中部家庭平均 40.68 万元，西部家庭平均 41.34 万元。城镇家庭平均财富是农村家庭近 3 倍，东部家庭平均财富分别超过中部和西部家庭 2 倍。

表 3.1　　　　　　　2013 年中国家庭资产概况表

样本类别	资产 （万元）	净资产 （万元）	金融资产 （万元）	风险资产 （万元）	金融资产/ 净资产	风险资产/ 金融资产
总样本	77.33	74.50	4.45	0.66	12.17%	3.71%
城镇家庭	87.80	84.55	5.96	0.96	13.65%	5.39%
农村家庭	27.97	26.61	1.89	0.02	10.68%	0.21%

续表

样本类别	资产（万元）	净资产（万元）	金融资产（万元）	风险资产（万元）	金融资产/净资产	风险资产/金融资产
东部家庭	98.28	95	6.41	1.09	13.09%	5.36%
中部家庭	42.57	40.68	3.12	0.27	13.10%	2.17%
西部家庭	43.74	41.34	3.14	0.31	11.30%	2.50%

资料来源：根据 CHFS2013 数据整理得到。

（3）家庭金融资产方面。

中国家庭平均持有金融资产 4.45 万元，其中城镇家庭平均持有 5.96 万元，农村家庭平均持有 1.89 万元；东部家庭平均持有 6.41 万元，中部家庭平均持有 3.12 万元，西部家庭平均持有 3.14 万元。城镇家庭平均持有金融资产数目是农村家庭近 3 倍，东部家庭平均持有金融资产数目分别超过中部和西部家庭 2 倍。

（4）家庭风险资产方面。

中国家庭平均持有风险资产 0.66 万元，其中城镇家庭平均持有 0.96 万元，农村家庭平均持有不足 200 元；东部家庭平均持有 1.09 万元，中部家庭平均持有 0.27 万元，西部家庭平均持有 0.31 万元。城镇家庭平均持有风险资产数目超过农村家庭 48 倍，东部家庭平均持有风险资产数目分别是中部和西部家庭的近 3 倍。

（5）家庭金融资产占净资产占比方面。

中国家庭平均 12.17%，其中城镇家庭平均 13.65%，农村家庭平均 10.68%；东部家庭平均 13.09%，中部家庭平均 13.10%，西部家庭平均 11.30%。

（6）家庭风险资产占金融资产占比方面。

中国家庭平均 3.71%，其中城镇家庭平均 5.39%，农村家庭平均 0.21%；东部家庭平均 5.36%，中部家庭平均 2.17%，西部家庭平均 2.50%。城镇家庭是农村家庭的近 26 倍，东部家庭分别超过中部和西部家庭 2 倍。无论是风险资产持有的绝对量，还是持有风险资产占金融资产比重，中国家庭风险资产配置均存在明显的地区差异，城镇高于农村、东部高于中西部，此外，中国家庭的资产、财富、金融资产、金融资产占财富占比均同样存在类似的地区差异。

3.2.2　有条件家庭风险资产选择

有条件家庭风险资产选择研究的对象是持有风险资产选择的那部分家庭。研究持有风险资产的家庭风险资产结构发现，无论从持有率还是比重角度，股票和基金均是家庭风险资产的主要组成部分，股票占到约 2/3，基金占到约 1/3。持有率角度，持有股票的家庭占所有持有风险资产家庭的 70.25%，持有基金的家庭占所有持有风险资产家庭的 36.26%，持有风险资产的家庭中有 93.35% 的家庭至少持有股票或基金其中之一；比重角度，在所有配置风险资产的家庭中，平均有 66.61% 的资产项目是股票，平均有 36.26% 的资产项目是基金，平均有 93.36% 的资产项目是股票和基金之和。除去农村家庭，城镇家庭、东中西部家庭的风险资产组成类似，农村家庭中仅有 32 户家庭持有风险资产，异常值对农村家庭风险资产构成情况有较大影响。见表 3－2。

表 3.2　　主要风险资产项目占风险资产比重表　　单位:%

样本类别	股票/风险资产		基金/风险资产		（股票＋基金）/风险资产	
	持有率	平均比重	持有率	平均比重	持有率	平均比重
总样本	70.25	66.61	36.26	26.76	93.35	93.36
城镇家庭	71.27	67.29	36.30	26.78	94.18	94.07
农村家庭	25	30.39	34.38	25.39	56.25	55.78
东部家庭	72.08	67.55	34.88	25.63	93.15	93.18
中部家庭	67.62	66.11	37.37	26.85	92.17	92.96
西部家庭	65.94	63.11	40.61	31.51	95.63	94.62

资料来源：根据 CHFS2013 数据整理得到。

3.2.3　无条件家庭风险资产选择

无条件家庭风险资产选择研究的对象包括不参与风险资产家庭在内的所有家庭，具体现状如下：

第一，无条件家庭风险资产选择的样本显示，2013年我国的平均家庭风险资产参与率约为8.4%，其中股票参与率5.9%，基金参与率3.04%；平均家庭风险资产配置率约为3.71%，其中股票配置率2.47%，基金配置率0.99%；家庭风险资产配置率的家庭间差异较大，全样本家庭风险资产配置率的变异系数达到4.0574，股票配置率的变异系数达到4.9785，基金配置率的变异系数达到7.4013。见表3-3。

表3.3　家庭风险资产选择各样本平均值和方差表

	全样本	城镇	农村	东部	中部	西部
家庭风险资产持有率	8.40%	12.14%	0.57%	11.88%	5.17%	5.79%
家庭风险资产配置率	3.71%	5.39%	0.21%	5.36%	2.17%	2.50%
变异系数	4.06	3.32	17.37	3.36	5.29	4.90
家庭股票持有率	5.90%	8.65%	0.14%	8.56%	3.50%	3.82%
家庭股票配置率	2.47%	3.62%	0.06%	3.62%	1.44%	1.58%
变异系数	4.98	4.07	34.29	4.08	6.59	6.26
家庭基金持有率	3.04%	4.41%	0.20%	4.14%	1.93%	2.35%
家庭基金配置率	0.99%	1.44%	0.05%	1.37%	0.58%	0.79%
变异系数	7.40	6.13	28.62	6.38	9.47	8.02

资料来源：根据CHFS2013数据整理得到。

第二，我国家庭风险资产选择存在较大的地区差异，风险资产参与方面，城镇家庭风险资产参与率12.14%，农村家庭风险资产参与率仅0.57%，东部家庭风险资产参与率11.88%，中部家庭风险资产参与率5.17%，西部家庭风险资产参与率5.79%；风险资产配置方面，城镇家庭风险资产配置率5.39%，农村家庭风险资产配置率仅 0.21%，东部家庭风险资产配置率 5.36%，中部家庭风险资产配置率 2.17%，西部家庭风险资产配置率 2.50%。

　　第三，不同地区家庭风险资产配置差异较大，城镇家庭风险资产配置率的变异系数 3.3225，农村家庭风险资产配置率的变异系数 17.3698，东部家庭风险资产配置率的变异系数 3.3616，中部家庭风险资产配置率的变异系数 5.2863，西部家庭风险资产配置率的变异系数 4.896，农村家庭的风险资产配置率差异最大，其中股票配置率的变异系数高达 34.288，基金配置率的变异系数高达 28.6193。

　　以上实证表明，我国存在着风险资产参与率低、配置率低、家庭风险资产配置率差异大、不同地区家庭间风险资产配置率差异大等特点。此外，还可以发现股票和基金是我国家庭风险资产的主要项目，家庭风险资产参与率和配置率高的地区，其风险资产配置率的差异性要小于家庭风险资产参与率和配置率低的地区。

3.3　中国家庭风险资产选择的生命周期效应存在性研究

　　本书 3.2 节研究了我国家庭风险资产概况，在此基础上从本节开始研究我国家庭风险资产选择现状，在研究我国家庭风险资产选择现状前，需要首先确定我国家庭风险资产选择行为是否存在，本节将从定量角度回答我国家庭风险资产选择的生命周期效应存在性。家庭风险资产选择的生命周期效应实质，是家庭风险资产选择是否和年龄存在相关关系，常用的相关性测度方法大部分适用于线性相关情况，难以测度变量之间的非线性相关关系。

已有文献认为家庭风险资产选择存在"倒 U 型"生命周期效应，这意味着家庭风险资产选择和年龄之间存在着非线性关系的可能。因此直接使用常见的测度线性相关的方法是不合理的，故本书将使用在数据挖掘领域常用的非线性测度方法即 MIC（Maximal Information Coefficient）方法，研究家庭风险资产选择的生命周期效应存在性，下面先介绍 MIC 方法。

3.3.1 非线性相关性的测度方法——MIC 方法介绍

（1）传统相关性测度方法及不足。

关于相关性最早的定义由高尔顿给出，他认为当两个变量满足一个变量变动时，另一个变量或多或少的改变，则称这两个变量相关。针对变量特点，传统相关性测度方法有列联表分析、Spearman 相关系数、Kender 相关系数、Pearson 相关系数等。

测度两个定性变量的相关性一般使用列联表分析，列联系数在 0 ~ 1 之间，可能的最大值随着列联表的行数和列数的增加而增加，当两个变量独立时，系数为 0。

测度两个定序变量之间相关性可以使用 Kender 相关系数。Kender 相关系数则是基于两个变量之间序对的一致性，判断相关程度大小，系数介于 - 1 和 + 1 之间，系数为 0 代表两个变量独立，系数为 - 1 代表两个变量等级相关性完全一致，系数为 + 1 代表两个变量等级相关性完全相反。

测度两个有序分类变量且不满足正态分布的连续数据时可使用 Spearman 相关系数，它可以测度两个变量之间的单调相关关系。

测度两个定距变量相关性常使用皮尔逊（Pearson）相关系数，它测度的是两个变量之间的线性相关系数，系数的数值介于 - 1 和 + 1 之间，0 代表两个变量线性无关，系数为 + 1 代表两个变量完全正相关，系数为 - 1 代表两个变量完全负相关。

上述测度方法只能测度出可用特定函数表示的相关关系，难以测度具有复杂结构的非线性关系，适用范围有限。

（2）MIC 的优点。

Reshef 等（2011）提出了一种基于互信息的相关性识别方法，即最大信息系数（MIC）方法，该方法既可以测度线性相关性也可以测度非线性相关性。MIC 有两个重要特点：广泛性（Generality）和均等性（Equitability）。广泛性指 MIC 可以测度任意函数形式的相关性，包括多类函数合成的超函数；均等性指面临同样程度噪音的不同相关关系时，MIC 的取值相同。上述两个特点是传统相关性测度方法达不到的。

（3）MIC 的思想。

MIC 的思想是：假若两个变量存在相关性，在它们的散点图上进行某个网格划分，根据网格中的近似概率密度分布，计算得到两个变量的互信息，正则化以后的取值就可以测度两个变量之间的相关性。更通俗的理解是：首先画出两个变量的散点图，如果它们有相关性，则可以寻找某个恰当的网格以覆盖散点图，根据散点在子格内出现的频率，计算这两个变量的相关系数。

（4）MIC 的性质。

MIC 有四条主要性质：一是因 MIC 是互信息归一化后的最大值，因此 MIC 的取值在 0 和 1 之间。二是对称性，即 MIC（X，Y）＝MIC（Y，X）。三是 MIC 在保序变换下，取值不变。四是大样本性质，即样本量趋于无穷大时，无噪音的相关关系，MIC 值趋于 1；当两个变量独立时，MIC 值趋于 0。

（5）MIC 的实施步骤。

MIC 值的得出大致经过三个步骤：一是寻找使得互信息最大的网格划分；二是正则化特征矩阵，保证 MIC 取值范围在 0 和 1 之间；三是寻找正则化后的特征矩阵中的最大值，将其确定为 MIC 取值。

（6）互信息介绍。

MIC 方法建立在互信息上，因此在介绍 MIC 的数学过程前先介绍互信息的有关概念。

①信息熵。熵在物理学中用来度量空间中能量的分布均匀程度，熵值越大则能量分布越均匀，Shannon（1948）将熵的概念引用到信息论上，提出了信息熵，用来度量系统的不确定性程度，数学表达式如下：

假若随机变量 X 的可能取值有 n 个，概率分布为 $P(X = x_i) = p_i, i = 1, 2, \cdots, n$，随机变量 Y 的可能取值有 m 个，概率分布为 $P(Y = y_j) = p_j, j = 1, 2, \cdots, m$，则信息熵为：$H(X) = -\sum_{i=1}^{n} p_i \log p_i$。设二维随机向量 (X, Y) 的概率分布为 p_{xy}，则二维随机向量 (X, Y) 对应的二维联合熵为：$H(X, Y) = -\sum_{i=1}^{n} \sum_{j=1}^{m} p_{ij} \log p_{ij}$，定义已知 X 的条件下 Y 的条件信息熵为 $H(X/Y) = -\sum_{i=1}^{n} \sum_{j=1}^{m} p_{ij} \log \frac{p_{ij}}{p_{.j}}$（$p_{.j}$ 表示随机变量 Y 的边际分布）。

②互信息的得出。定义互信息为 $I(X, Y) = H(X) - H(X \mid Y)$，表示已知 $Y(X)$ 的情况下，$X(Y)$ 信息量的变化程度，变化程度大则表示 X 与 Y 的相关性大。互信息的优势在于能够度量变量之间的非线性关系。

（7）MIC 的数学过程。

①得到最大互信息的网络划分。

定义 3.1　给定二元有限有序对数据集 $D \subset R^2, D = \{(X_i, Y_i), i = 1, 2, \cdots n\}$，任意划分 x 行、y 列，对应得到一个网格 G，令 $D \mid_G$ 表示集合 D 在 G 上的概率分布，格子里有的有数据点、有的没有，格子内包含数据点的个数占总样本的比例看作数据点落在该格子内的概率，给出最大互信息如下：

$$I^*(D,X,Y) = \max I(D \mid_C) \qquad (3.1)$$

其中 I^* 表示所有可能网格划分下互信息的最大值。

②特征矩阵的正则化。

定义 3.2　二元有限有序对数据集 D 上特征矩阵的第 x 行 y 列元素为：

$$M(D)_{x,y} = \frac{I^*(D,x,y)}{\log\min\{x,y\}} \qquad (3.2)$$

式（3.2）是对特征矩阵的正则化，目的在于保证 MIC 取值范围在 0 和 1 之间。

③计算 MIC 得分。

定义 3.3　二元有限有序对数据集 D 的 MIC 得分如下：

$$MIC(D) = \max_{xy \leqslant B(n)} \{M(D)x,y\} \qquad (3.3)$$

式（3.3）表示 MIC 得分为特征矩阵中的最大元素。$B(n)$ 表示搜索网格的上界，$xy \leqslant B(n)$ 表示网格分割细度不大于 $B(n)$，$B(n)$ 一般取经验值 $B(n) = n^{0.6}$。

（8）MIC 的软件实现。

不同于传统相关性测度方法可由一个简单公式计算得出，MIC 的求解过程计算量非常大，需要借助计算机运行程序，目前 MIC 算法的软件实现主要通过 JAVA 和 R 语言，本书采用 R 语言，具体使用由 Reshef 等（2011）编写的 minerva 包。

3.3.2　家庭风险资产选择的相关性研究

在研究家庭风险资产选择的相关性时，本书将计算各年龄组的风险资产选择平均值和户主年龄的 MIC 值，这样做的原因有两个：一是家庭风险资产参与率不能对应某一个具体家庭而必须是一类家庭；二是家庭的风险资产选择差异性较大，直接计算每个家庭的风险资产配置率和年龄的关系得到的 MIC 值较小，无法反映整体的家庭风险资产选择和年龄之间的关系。为了确保代表性、保证实证结果的稳健性，在计算 MIC 值时，删除样本中同年龄家庭数小于 10 户的样本单元，得到户主年龄在 19 岁到 87 岁之间的各家庭风险资产选择平均值。此外，股票和基金是家庭风险资产选择的主要组成部分，出于稳健性考虑，分别计算了分年龄的家庭平均股票和基金参与率、平均股票和基金配置率同户主年龄之间的 MIC 值，结果见表 3.4。

表 3.4　家庭风险资产选择和户主年龄之间的 MIC 值表

变量 1	变量 2	MIC 值
家庭风险资产参与率	户主年龄	0.7455
家庭风险资产配置率	户主年龄	0.5306
股票和基金参与率	户主年龄	0.6991
股票和基金配置率	户主年龄	0.4747

资料来源：根据 R3.5.1 计算得到。

根据表 3.4，家庭风险资产参与率和户主年龄的 MIC 值为 0.7455，股票和基金参与率同户主年龄的 MIC 值为 0.6991，表明家庭风险资产参与率和户主年龄存在相关关系，即家庭风险资产参与存在生命周期效应；家庭风险资产配置率和户主年龄的 MIC 值为 0.5306，股票和基金配置率同户主年龄的 MIC 值为 0.4747，表明家庭风险资产配置率和户主年龄存在相关关系，即家庭风险资产配置存在生命周期效应。上述研究表明，中国家庭风险资产选择存在生命周期效应，下面研究我国家庭风险资产选择的生命周期效应现状。

3.4　中国家庭风险资产总量选择的生命周期效应现状

本书 3.2 节的研究表明，我国家庭的主要风险资产项目是股票和基金，并且我国家庭风险资产选择存在着明显的地区差异，因此，为了全面、细致地研究中国家庭风险资产选择的生命周期效应现状，以下几节将分别研究全样本、城乡、东中西部在风险资产总量、股票和基金上的参与和配置的生命周期效应现状。

3.4.1　确定年龄分组

家庭风险资产选择的生命周期效应，指随着家庭年龄变化时，家庭风险资产选择的变化。为了更好地观察各变量趋势，本书将用两种年龄分组方式，一是以某一户主年龄的平均家庭资产选择代表这一年龄的所有家庭资产选择行为，研究不同户主年龄下平均家庭资产选择的变化。二是在第一种分组方式的基础上，进一步将家庭按照户主年龄分为若干组，更加清晰地研究不同组别下家庭风险资产选择的变化情况。这里面临组距选择问题，组距过大可能会忽略部分规律，间距过小则可能导致难以体现清晰的趋势。经过反复研究，本书最终选择以 5 岁为组距，确定依据如下：

第一，恰当反映家庭风险资产选择规律。吴卫星和齐天翔（2007）、吴卫星等（2010）将样本按照年龄分为四组，分别是35 岁以下年龄组、35~50 岁年龄组、51~65 岁年龄组、65 岁以上年龄组，依据这样的分组，吴卫星等（2010）发现了我国家庭风险资产结构存在"倒 U 型"生命周期效应，本书通过数据验证发现这样的分组方式不影响整体的风险资产选择生命周期效应，但不能细致反映家庭风险资产选择的生命周期效应，根据本书的研究，36~40 岁年龄组家庭的风险资产参与率和配置率均为峰值，在此之后家庭风险资产选择呈递减形态，组距过大，则难以体现包括上述特征在内的生命周期效应细致特征。

第二，恰当反映家庭结构变动。王跃生（2006）在研究我国家庭结构变动时，对 20~85 岁间家庭以 5 岁为组距进行分组，基于此得出我国家庭结构变动趋势。因此，以 5 岁为间距可以恰当反映家庭结构的变化。

第三，恰当反映劳动效率变动。劳动效率和劳动收入有关，而劳动收入对家庭风险资产选择有重要影响。刘万（2018）在研究我国城镇劳动者效率随着年龄变化趋势时，对年龄分组以 5 岁为间距，最终得到我国不同年龄区间的劳动者效率差异。因此，以 5 岁为间距可以恰当反映户主的劳动效率，甚至劳动收入变化。

综上，本书分组如下：20 岁及以下、21～25 岁、26～30 岁、31～35 岁、36～40 岁、41～45 岁、46～50 岁、51～55 岁、56～60 岁、61～65 岁、66～70 岁、71～75 岁、76～80 岁和 81 岁及以上共 14 组，分别标为 1 到 14 组。

3.4.2 全样本家庭风险资产选择的生命周期效应现状

（1）全样本家庭风险资产总量参与的生命周期效应现状。

依据户主年龄对样本分组，计算各年龄的平均家庭风险资产总量参与率，结果见图 3.1，因 20 岁年龄组的高家庭风险资产总量参与率，整体未呈现"倒 U 型"生命周期形态，但考虑到 20 岁年龄组中仅有 12 个观测单元，结果易受异常值和抽样随机性的影响。将样本按照年龄段分组，结果更具稳健性，具体见图 3.2 和附录 2。家庭风险资产总量参与率随户主年龄的增加呈现"倒 U 型"，20 岁以下年龄组开始一直到 31～35 岁年龄组，平均家庭风险资产总量参与率基本呈现递增形态；从 36～40 岁年龄组开始，随着年龄增加，家庭平均风险资产总量参与率基本呈现递减形态。峰值出现在 31～40 岁年龄组，平均家庭风险资产总量参与率超过 13%，20 岁以下年龄组和 80 岁以上年龄组的家庭风险资产总量参与率明显低于其他组，另根据图 3.1，户主年龄为 37 岁的平均家庭风险资产总量参与率最高，达到 23.37%。

以上实证表明，我国家庭风险资产总量参与存在"倒 U 型"的生命周期效应。

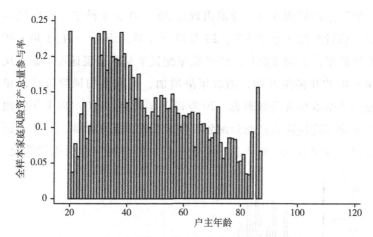

图 3.1　户主年龄与全样本家庭风险资产总量参与率

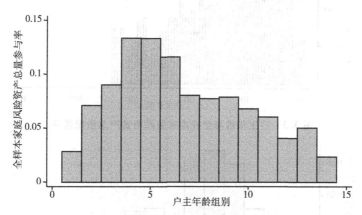

图 3.2　户主年龄组别与全样本家庭风险资产总量参与率

（2）全样本家庭风险资产总量配置的生命周期效应现状。

依据户主年龄对样本分组，计算各年龄的平均家庭风险资产总量配置率，结果见图 3.3，总体上看，平均家庭风险资产总量配置率随户主年龄的增加呈现"倒 U 型"，峰值出现在 41 岁，平均家庭风险资产总量配置率达到 6.71%。根据图 3.4 和附录 2，依据年龄段分组后，家庭风险资产总量配置率同样呈现"倒 U 型"生命周期效应，峰值出现在 36～40 岁年龄组，家庭风险资产总量配置率超过 5%。20 岁以下年龄组开始一直到 36～40 岁年龄组，平均家庭风险资产总量配置率基本呈现递增形态；从 36～40 岁年龄组开始，随着年龄增加，家庭平均风险资产总量配置率基本呈现递减形态。20 岁以下年龄组和 81 岁以上年龄组的平均家庭风险资产总量配置率明显低于其他年龄组。以上实证表明我国家庭风险资产总量配置存在"倒 U 型"生命周期效应。

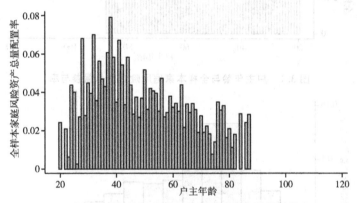

图 3.3　户主年龄与全样本家庭风险资产总量配置率

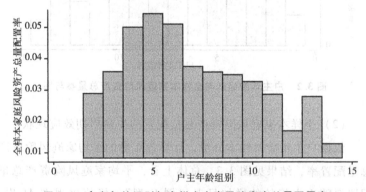

图 3.4　户主年龄组别与全样本家庭风险资产总量配置率

　　根据以上研究，中国家庭风险资产选择呈现"倒 U 型"生命周期效应。前文研究显示，股票和基金是家庭风险资产的主要资产项目，为了研究家庭主要风险资产项目的生命周期效应，细致研究我国家庭风险资产选择现状，本节的以下部分将分别研究股票和基金选择的生命周期效应现状。

3.4.3　全样本家庭股票选择的生命周期效应现状

（1）全样本家庭股票参与的生命周期效应现状。

　　依据户主年龄对样本分组，计算各年龄的平均家庭股票参与率，结果见图 3.5，总体上看，平均家庭股票参与率随户主年龄的增加呈现"倒 U 型"，峰值出现在 38 岁，平均家庭股票参与率达到 12.68%。根据图 3.6 和附录 2，按照年龄段分组后，家庭股票参与率同样呈现"倒 U 型"生命周期效应，峰值出现在 36 ~ 40 岁年龄组，31 ~ 35 岁年龄组和 36 ~ 40 岁年龄组的家庭股票参与率均超过 8%。20 岁以下年龄组开始一直到 36 ~ 40 岁年龄组，平均家庭股票参与率基本呈现递增形态；从 36 ~ 40 岁年

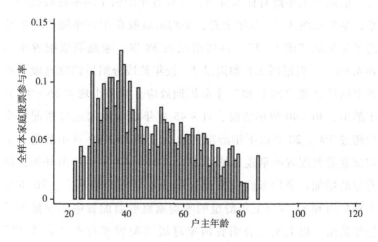

图 3.5　户主年龄与全样本家庭股票参与率

龄组开始，随着年龄增加，平均家庭股票参与率基本呈现递减形态。20 岁以下年龄组和 81 岁以上年龄组的平均家庭股票参与率明显低于其他年龄组。以上实证表明我国家庭股票参与率存在"倒 U 型"生命周期效应。

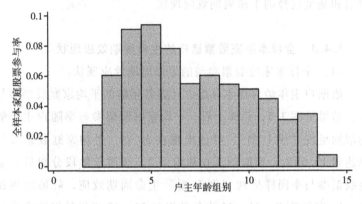

图 3.6　户主年龄组别与全样本家庭股票参与率

（2）全样本家庭股票配置的生命周期效应现状。

依据户主年龄对样本分组，计算各年龄的平均家庭股票配置率，结果见图 3.7。总体上看，平均家庭股票配置率随户主年龄的增加呈现"倒 U 型"，峰值出现在 38 岁，家庭股票配置率达到 4.90%。根据图 3.8 和附录 2，按年龄段分组后的家庭股票配置率同样呈现"倒 U 型"生命周期效应。峰值出现在 36～40 岁年龄组，36～40 岁年龄组、41～45 岁年龄组的家庭股票配置率均超过 3%。20 岁以下年龄组开始一直到 36～40 岁年龄组，平均家庭股票配置率呈现递增形态；从 36～40 岁年龄组开始，随着年龄增加，平均家庭股票配置率基本呈现递减形态。20 岁以下年龄组和 81 岁以上年龄组的平均家庭股票配置率明显低于其他年龄组。以上实证表明我国家庭股票配置率存在"倒 U 型"生命周期效应。

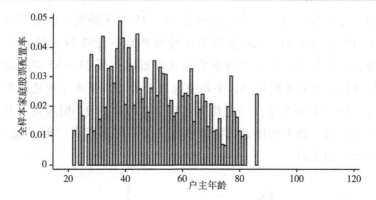

图 3.7　户主年龄与全样本家庭股票配置率

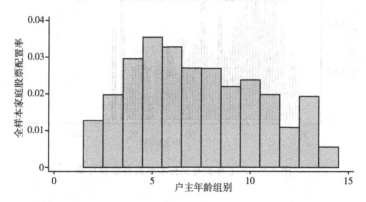

图 3.8　户主年龄组别与全样本家庭股票配置率

3.4.4　全样本家庭基金选择的生命周期效应现状

（1）全样本家庭基金参与的生命周期效应现状。

依据户主年龄对样本分组，计算各年龄的平均家庭基金参与率，结果见图 3.9。80 岁以上个别年龄组因样本量小且存在异常值，导致对应年龄组的高基金参与率，除此以外，总体上，平均家庭基金参与率随户主年龄的增加呈现"倒 U 型"，峰值出现在 34 岁，家庭基金参与率达到 6.22%。根据图 3.10 和附录 2，按年龄段分组后，家庭基金参与率同样呈现"倒 U

型"生命周期效应，峰值出现在 31～35 岁年龄组，家庭基金参与率超过 4.5%。20 岁以下年龄组开始一直到 31～35 岁年龄组，平均家庭基金参与率呈现递增形态；从 31～35 岁年龄组开始，随着年龄增加，平均家庭基金参与率基本呈现递减形态。20 岁以下年龄组的平均家庭基金参与率为 0，明显低于其他年龄组。以上实证表明我国家庭基金参与率存在"倒 U 型"生命周期效应。

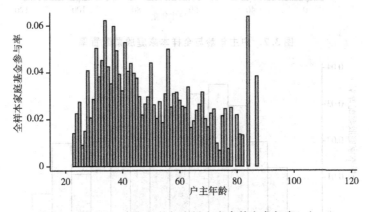

图 3.9　户主年龄与全样本家庭基金参与率

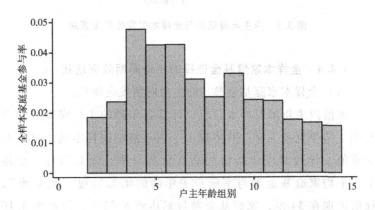

图 3.10　户主年龄组别与全样本家庭基金参与率

（2）全样本家庭基金配置的生命周期效应现状。

依据户主年龄对样本分组，计算各年龄的平均家庭基金配置率，结果见图3.11，80岁以上个别年龄组因样本量小且存在异常值导致对应年龄组的高基金配置率，除此以外，总体上，平均家庭基金配置率随户主年龄的增加呈现"倒U型"，峰值出现在38岁，家庭基金配置率达到2.11%。根据图3.12和附录2，按年龄段分组后的家庭基金配置率呈现"倒U型"生命周期效应。峰值出现在41~45岁年龄组，家庭基金配置率接近1.5%。20岁以下年龄组开始一直到41~45岁年龄组，平均家庭基金配置率呈现递增形态；从41~45岁年龄组开始，随着年龄增加，平均家庭基金配置率基本呈现递减形态。20岁以下年龄组的平均家庭基金配置率为0，明显低于其他年龄组。以上实证表明我国家庭基金配置率存在"倒U型"生命周期效应。

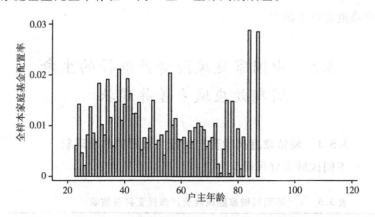

图 3.11　户主年龄与全样本家庭基金配置率

3.4.5　全样本家庭风险资产选择的生命周期效应小结

本节研究了家庭风险资产总量及股票、基金选择现状后发现，我国家庭资产选择存在"倒U型"生命周期效应。31~45岁年龄组的家庭风险资产参与率和配置率最高。具体地，从风险

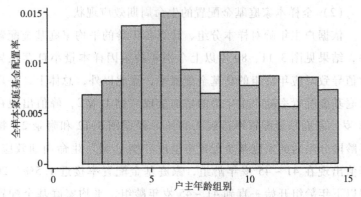

图 3.12　户主年龄组别与全样本家庭基金配置率

资产参与角度，无论风险资产总量还是股票、基金，36～40 岁年龄组的参与率最高；从风险资产配置角度，基金配置率的峰值对应年龄组是 41～45 岁年龄组，大于风险资产总量和股票配置率峰值对应年龄组。

3.5　中国家庭风险资产选择的生命周期效应城乡差异现状

3.5.1　城镇家庭风险资产选择生命周期效应现状

不同区域家庭风险资产选择变异系数见表 3.5。

表 3.5　　不同区域家庭风险资产选择变异系数表

地区	家庭风险资产参与率	家庭风险资产配置率
城市	0.48	0.43
农村	1.07	1.18
东部	0.50	0.44
中部	0.62	0.52
西部	0.62	0.65

资料来源：根据 CHFS 数据整理并利用 SATATA13.0 计算得到。

（1）城镇家庭风险资产总量参与的生命周期效应。

依据户主年龄对城镇样本分组，计算各年龄的平均家庭风险资产总量参与率，结果见图 3.13。总体上看，平均家庭风险资产总量参与率随户主年龄的增加呈现"倒 U 型"，峰值出现在 38 岁，平均家庭风险资产总量参与率达到 29.48%。根据图 3.14 和附录 3，按照年龄段分组后，城镇家庭风险资产总量参与率同样呈现"倒 U 型"生命周期效应，峰值出现在 36 ~ 40 岁年龄组，家庭风险资产总量参与率约为 17.70%。20 岁以下年龄组开始一直到 36 ~ 40 岁年龄组，城镇平均家庭风险资产总量参与率呈现递增形态；从 36 ~ 40 岁年龄组开始，随着年龄增加，城镇平均家庭风险资产总量参与率基本呈现递减形态。20 岁以下年龄组和 81 岁以上年龄组的平均家庭风险资产总量参与率明显低于其他年龄组。以上实证表明我国城镇家庭风险资产总量参与率存在"倒 U 型"生命周期效应。

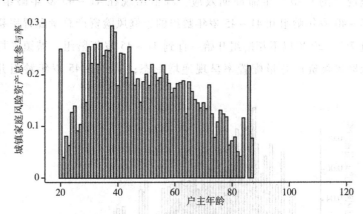

图 3.13　户主年龄与城镇家庭风险资产总量参与率

（2）城镇家庭风险资产总量配置生命周期效应。

依据户主年龄对城镇样本分组，计算城镇家庭各年龄的平均家庭风险资产总量配置率，结果见图 3.15。总体上看，平均家庭

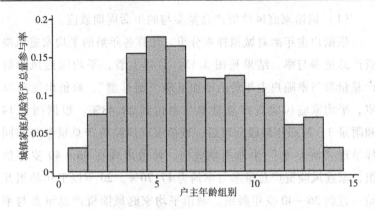

图 3.14　户主年龄组别与城镇家庭风险资产总量参与率

风险资产总量配置率随户主年龄的增加呈现"倒 U 型"。41 岁达到峰值，平均家庭风险资产总量配置率达到 8.83%。根据图 3.16 和附录 3。依据年龄段分组后，城镇家庭风险资产总量配置率同样呈现"倒 U 型"生命周期效应，峰值出现在 41~45 岁年龄组，36~40 岁年龄组和 41~45 岁年龄组的家庭风险资产总量配置率超过 7%。20 岁以下年龄组开始一直到 41~45 岁年龄组，城镇平均家庭风险资产总量配置率呈现递增形态；从 41~45 岁年龄组开

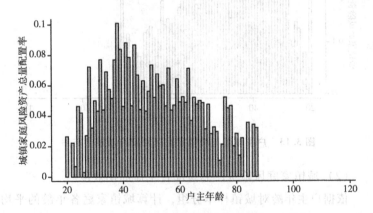

图 3.15　户主年龄与城镇家庭风险资产总量配置率

始，随着年龄增加，城镇平均家庭风险资产总量配置率基本呈现
递减形态。20 岁以下年龄组和 81 岁以上年龄组的平均家庭风险资
产总量配置率明显低于其他年龄组。以上实证表明，我国城镇家
庭风险资产总量配置率存在"倒 U 型"生命周期效应。

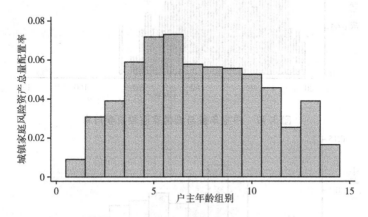

图 3.16　户主年龄组别与城镇家庭风险资产总量配置率

（3）城镇家庭股票参与的生命周期效应。

依据户主年龄对城镇样本分组，计算各年龄的平均家庭股票
参与率，结果见图 3.17。总体上看，平均家庭股票参与率随户
主年龄的增加呈现"倒 U 型"。峰值出现在 38 岁，平均家庭股
票参与率达到 16.22%。根据图 3.18 和附录 4，按年龄段分组
后，城镇家庭股票参与率同样呈现"倒 U 型"生命周期效应，
峰值出现在 36~40 岁年龄组，家庭股票参与率达到 12.45%。
20 岁以下年龄组开始一直到 36~40 岁年龄组，城镇平均家庭股
票参与率呈现递增形态；从 36~40 岁年龄组开始，随着年龄增
加，城镇平均家庭股票参与率基本呈现递减形态。20 岁以下年
龄组和 81 岁以上年龄组的平均家庭股票参与率明显低于其他年
龄组。以上实证研究表明，我国城镇家庭股票参与率存在"倒 U
型"生命周期效应。

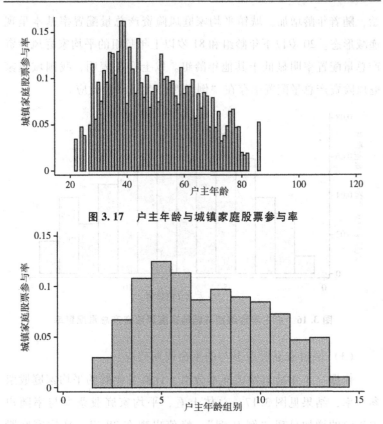

图 3.17　户主年龄与城镇家庭股票参与率

图 3.18　户主年龄组别与城镇家庭股票参与率

（4）城镇家庭股票配置的生命周期效应。

依据户主年龄对城镇样本分组，计算各年龄的平均家庭股票配置率，结果见图 3.19，总体上看，平均家庭股票配置率随户主年龄的增加呈现"倒 U 型"。峰值出现在 38 岁，平均家庭股票配置率达到 6.27%。根据图 3.20 和附录 4，按年龄段分组的城镇家庭股票配置率同样呈现"倒 U 型"生命周期效应，峰值出现在 41～45 岁年龄组，36～40 岁年龄组和 41～45 岁年龄组的家庭股票配置率均超过 4.7%。20 岁以下年龄组开始一直到

41~45 岁年龄组，城镇平均家庭股票配置率呈现递增形态；从 41~45 岁年龄组开始，随着年龄增加，城镇平均家庭股票配置率基本呈现递减形态。20 岁以下年龄组和 81 岁以上年龄组的平均家庭股票配置率明显低于其他年龄组。以上实证表明，我国城镇家庭股票配置率存在"倒 U 型"生命周期效应。

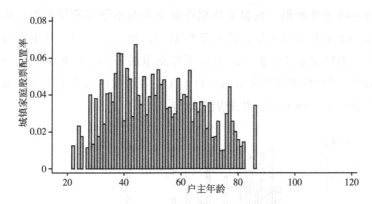

图 3.19 户主年龄与城镇家庭股票配置率

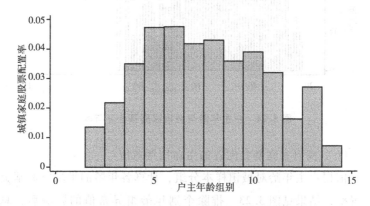

图 3.20 户主年龄组别与城镇家庭股票配置率

（5）城镇家庭基金参与的生命周期效应。

依据户主年龄对城镇样本分组，计算各年龄的平均家庭基金参与率，结果见图 3.21，排除 80 岁以上个别年龄组异常值的影

响后，总体上看，平均家庭基金参与率随户主年龄的增加呈现
"倒 U 型"。峰值出现在 34 岁，平均家庭基金配置率达到 7.69%。
根据图 3.22 和附录 5，按年龄段分组的城镇家庭基金参与率同
样呈现"倒 U 型"生命周期效应，峰值出现在 41～45 岁年龄
组，家庭基金参与率达到 6.13%。20 岁以下年龄组开始一直到
41～45 岁年龄组，城镇平均家庭基金参与率呈现递增形态；从
41～45 岁年龄组开始，随着年龄增加，城镇平均家庭基金参与
率基本呈现递减形态。20 岁以下年龄组的平均家庭基金参与率
为 0，明显低于其他年龄组。以上实证表明我国城镇家庭基金参
与率存在"倒 U 型"生命周期效应。

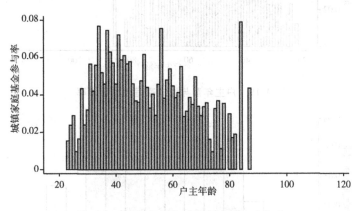

图 3.21　户主年龄与城镇家庭基金参与率

（6）城镇家庭基金配置的生命周期效应。

依据户主年龄对城镇样本分组，计算各年龄的平均家庭基金
配置率，结果见图 3.23，排除个别年龄组异常值的影响后，总
体上看，平均家庭基金配置率随户主年龄的增加呈现"倒 U
型"。峰值出现在 38 岁，平均家庭基金配置率达到 2.7%。根据
图 3.24 和附录 5，按年龄段分组的城镇家庭基金配置率同样呈
现"倒 U 型"生命周期效应，峰值出现在 41～45 岁年龄组，家

庭基金配置率达到 2.13%。20 岁以下年龄组开始一直到 41～45 岁年龄组，城镇平均家庭基金配置率呈现递增形态；从 41～45 岁年龄组开始，随着年龄增加，城镇平均家庭基金配置率基本呈现递减形态。20 岁以下年龄组的平均家庭基金配置率为 0，明显低于其他年龄组。以上实证表明我国城镇家庭基金配置率存在"倒 U 型"生命周期效应。

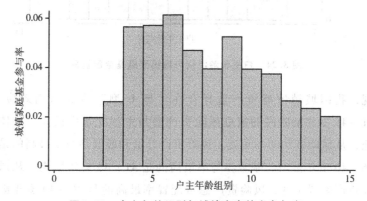

图 3.22　户主年龄组别与城镇家庭基金参与率

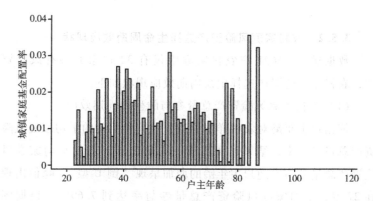

图 3.23　户主年龄与城镇家庭基金配置率

（7）城镇家庭资产选择生命周期效应小结。

通过研究城镇家庭风险资产总量及股票、基金选择现状后发

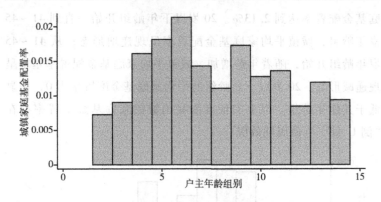

图 3.24   户主年龄组别与城镇家庭基金配置率

现，我国城镇家庭资产选择存在"倒 U 型"生命周期效应。
31 ~ 45 岁年龄阶段的家庭风险资产参与率和配置率最高。具体
地，从风险资产参与角度，风险资产总量和股票参与率最高的是
36 ~ 40 岁年龄组，基金参与率最高的是 41 ~ 45 岁年龄组；从风
险资产配置角度，风险资产总量配置率最高的是 36 ~ 40 岁年龄
组，股票和基金配置率的峰值对应年龄组是 41 ~ 45 岁年龄组。

3.5.2   农村家庭风险资产选择生命周期效应现状

数据显示：5621 户农村家庭中仅有 32 户家庭持有风险资
产，农村家庭的资产选择生命周期效应现状如下。

（1）农村家庭风险资产总量参与的生命周期效应。

依据户主年龄对农村样本分组，计算各年龄的平均家庭风险
资产总量参与率，结果见图 3.25，总体上看，农村平均家庭风
险资产总量参与率随户主年龄的增加呈现"倒 U 型"。峰值出现
在 27 岁，平均家庭风险资产总量参与率达到 7.69%。根据图
3.26 和附录 3，按年龄段分组的农村家庭风险资产总量参与率同
样呈现"倒 U 型"生命周期效应，峰值出现在 26 ~ 30 岁年龄
组，家庭风险资产总量参与率达到 1.59%。25 岁以下各年龄组

的家庭风险资产总量参与率为 0，从 26～30 岁年龄组开始，随
着年龄增加，农村平均家庭风险资产总量参与率基本呈现递减形
态，71 岁以上各年龄组的家庭风险资产总量参与率为 0。以上实
证表明我国农村家庭风险资产总量参与率存在"倒 U 型"生命
周期效应。

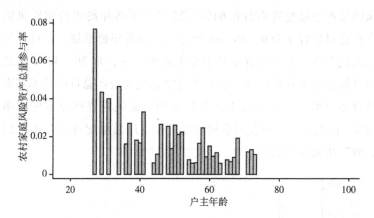

图 3.25　户主年龄与农村家庭风险资产总量参与率

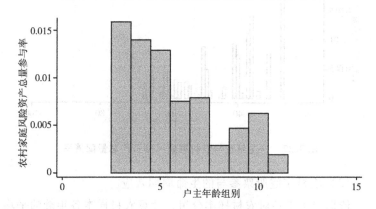

图 3.26　户主年龄组别与农村家庭风险资产总量参与率

（2）农村家庭风险资产总量配置的生命周期效应。

依据户主年龄对农村样本分组，计算各年龄的平均家庭风险

资产总量配置率,结果见图 3.27,总体上看,平均家庭风险资产总量配置率随户主年龄的增加呈现"倒 U 型"。峰值出现在 27 岁,平均家庭风险资产总量配置率为 2.65%。根据图 3.28 和附录 3,按年龄段分组的农村家庭风险资产总量配置率同样呈现"倒 U 型"生命周期效应,峰值出现在 36~40 岁年龄组,家庭风险资产总量配置率为 0.64%。25 岁以下各年龄组的家庭风险资产总量配置率为 0,36~40 岁之前,随着年龄增加,农村平均家庭风险资产总量配置率基本呈现递增形态,从 36~40 岁年龄组开始,随着年龄增加,农村平均家庭风险资产总量配置率基本呈现递减形态,71 岁以上各年龄组的家庭风险资产总量配置率为 0。以上实证表明我国农村家庭风险资产总量配置率存在"倒 U 型"生命周期效应。

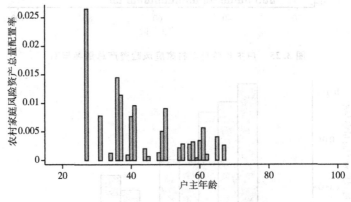

图 3.27 户主年龄与农村家庭风险资产总量配置率

(3) 农村家庭股票参与的生命周期效应。

依据户主年龄对农村样本分组,计算农村样本各年龄的平均家庭股票参与率,结果见图 3.29,总体上看,农村平均家庭股票参与率随户主年龄的增加呈现"倒 U 型"。峰值出现在 40 岁,平均家庭股票参与率为 1.8%。根据图 3.30 和附录 4,按年龄段

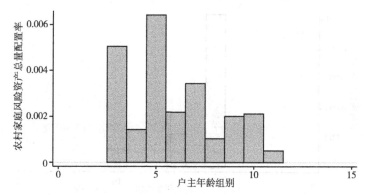

图 3.28　户主年龄组别与农村家庭风险资产总量配置率

分组的农村家庭股票参与率同样呈现"倒 U 型"生命周期效应，峰值出现在 36～40 岁年龄组，家庭股票参与率为 1.03%。35 岁以下各年龄组的家庭股票参与率为 0，从 36～40 岁年龄组开始，随着年龄增加，农村平均家庭股票参与率基本呈现递减形态，66 岁以上各年龄组的家庭股票参与率为 0。以上实证表明我国农村家庭股票参与率存在"倒 U 型"生命周期效应。

（4）农村家庭股票配置的生命周期效应。

依据户主年龄对农村样本分组，计算农村样本各年龄的平均

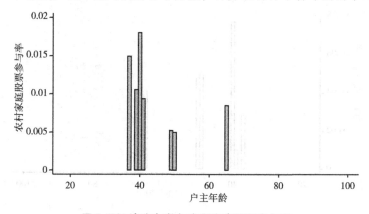

图 3.29　户主年龄与农村家庭股票参与率

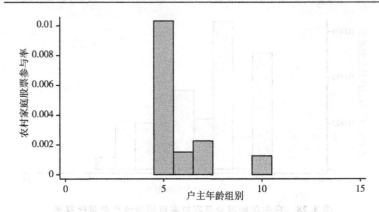

图 3.30   户主年龄组别与农村家庭股票参与率

家庭股票配置率，结果见图 3.31，总体上看，平均家庭股票配置率随户主年龄的增加呈现"倒 U 型"。峰值出现在 40 岁，平均家庭股票配置率为 0.77%。根据图 3.32 和附录 4，按年龄段分组的农村家庭股票配置率同样呈现"倒 U 型"生命周期效应，峰值出现在 36~40 岁年龄组，家庭股票配置率为 0.29%。35 岁以下各年龄组的家庭股票配置率为 0，从 36~40 岁年龄组开始，随着年龄增加，农村平均家庭股票配置率基本呈现递减形态，66

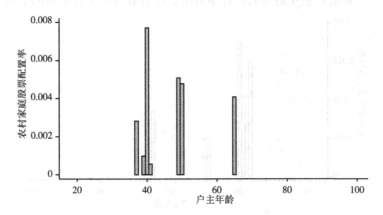

图 3.31   户主年龄与农村家庭股票配置率

岁以上各年龄组的家庭股票配置率为 0。以上实证表明我国农村
家庭股票配置率存在"倒 U 型"生命周期效应。

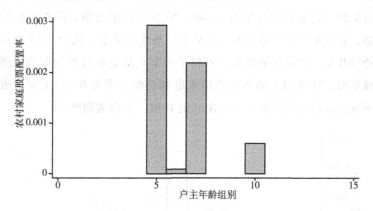

图 3.32　户主年龄组别与农村家庭股票配置率

（5）农村家庭基金参与的生命周期效应。

依据户主年龄对农村样本分组，计算农村样本各年龄的平均
家庭基金参与率，结果见图 3.33，总体上看，平均家庭基金参与
率随户主年龄的增加呈现"倒 U 型"。峰值出现在 37 岁，平均家
庭基金参与率为 1.49%。根据图 3.34 和附录 5，按年龄段分组的

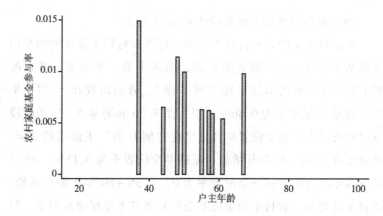

图 3.33　户主年龄与农村家庭基金参与率

农村家庭基金参与率同样呈现"倒 U 型"生命周期效应，峰值出现在 46～50 岁年龄组，家庭基金参与率为 0.45%。35 岁以下各年龄组的家庭基金参与率为 0，46～50 岁年龄组之前，随着年龄增加，农村平均家庭基金参与率基本呈现递增形态，从 46～50 岁年龄组开始，随着年龄增加，农村平均家庭基金参与率基本呈现递减形态，71 岁以上各年龄组的家庭基金参与率为 0。以上实证表明我国农村家庭基金参与存在"倒 U 型"生命周期效应。

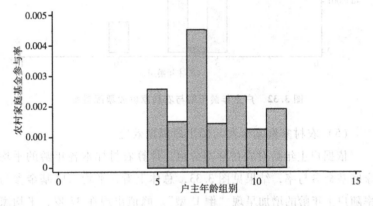

图 3.34　户主年龄组别与农村家庭基金参与率

（6）农村家庭基金配置的生命周期效应。

依据户主年龄对农村样本分组，计算农村样本各年龄的平均家庭基金配置率，结果见图 3.35，总体上看，平均家庭基金配置率随户主年龄的增加呈现"倒 U 型"。峰值出现在 37 岁，平均家庭基金配置率为 0.86%。根据图 3.36 和附录 5。按年龄段分组的农村家庭基金配置率同样呈现"倒 U 型"生命周期效应，峰值出现在 36～40 岁年龄组，家庭基金配置率为 0.15%。35 岁以下各年龄组的家庭基金配置率为 0，从 36～50 岁年龄组开始，随着年龄增加，农村平均家庭基金配置率基本呈现递减形态，71 岁以上各年龄组的家庭基金配置率为 0。以上实证表明我国农村家庭基金配置存在"倒 U 型"生命周期效应。

（7）农村家庭资产选择生命周期效应小结。

通过对农村家庭风险资产总量及股票、基金选择现状的研究发现，我国农村家庭资产选择存在"倒 U 型"生命周期效应，26 ~ 40 岁年龄组的家庭风险资产总量参与率和配置率最高。受限于农村家庭风险资产的低参与率，虽然股票和基金的风险资产选择呈现"倒 U 型"生命周期效应，但具体的峰值对应年龄组和风险资产总量不一致。

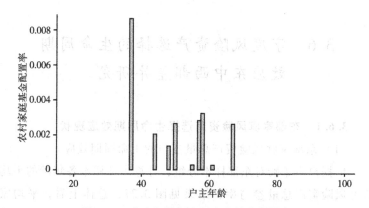

图 3.35　户主年龄与农村家庭基金配置率

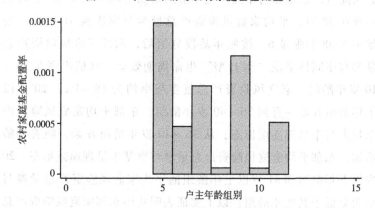

图 3.36　户主年龄组别与农村家庭基金配置率

3.5.3   家庭风险资产选择生命周期效应的城乡差异小结

总体上，城镇家庭和农村家庭的风险资产选择存在"倒 U 型"生命周期效应，但生命周期效应状况有以下两个不同点：一是农村家庭不同年龄组的风险资产选择波动性大于城市家庭，例如：农村家庭有多个年龄组存在零参与风险资产的情形，城市家庭不存在这种情况；二是具体到风险资产的参与率和配置率，城市家庭各年龄组均明显大于农村家庭。

3.6   家庭风险资产选择的生命周期效应东中西部差异研究

3.6.1   东部家庭风险资产选择生命周期效应现状

（1）东部家庭风险资产总量参与的生命周期效应。

依据户主年龄对东部样本分组，计算东部样本各年龄的平均家庭风险资产总量参与率，结果见图 3.37，总体上看，平均家庭风险资产总量参与率随户主年龄的增加呈现"倒 U 型"，峰值出现在 38 岁，平均家庭风险资产总量参与率达到 31.03%。根据图 3.38 和附录 6，按照年龄段分组后，东部家庭风险资产总量参与率同样呈现"倒 U 型"生命周期效应，峰值出现在 36 ~ 40 岁年龄组，家庭风险资产总量参与率约为 18.41%。20 岁以下年龄组开始一直到 36 ~ 40 岁年龄组，东部平均家庭风险资产总量参与率呈现递增形态；从 36 ~ 40 岁年龄组开始，随着年龄增加，东部平均家庭风险资产总量参与率基本呈现递减形态。20 岁以下年龄组和 81 岁以上年龄组的平均家庭风险资产总量参与率明显低于其他年龄组。以上实证表明我国东部家庭风险资产总量参与率存在"倒 U 型"生命周期效应。

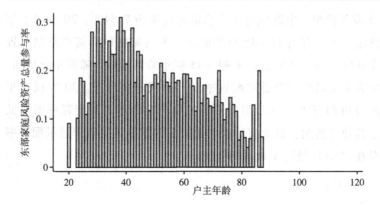

图 3.37　户主年龄与东部家庭风险资产总量参与率

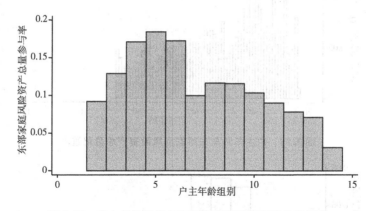

图 3.38　户主年龄组别与东部家庭风险资产总量参与率

（2）东部家庭风险资产总量配置的生命周期效应。

依据户主年龄对东部样本分组，计算东部样本各年龄的平均家庭风险资产总量配置率，结果见图 3.39，总体上看，平均家庭风险资产总量配置率随户主年龄的增加呈现"倒 U 型"，峰值出现在 38 岁，平均家庭风险资产总量配置率达到 11.89%。根据图 3.40 和附录 6，依据年龄段分组后，东部家庭风险资产总量配置率同样呈现"倒 U 型"生命周期效应，峰值出现在 41 ~

45 岁年龄组，家庭风险资产总量配置率为 7.54%。20 岁以下年龄组开始一直到 41~45 岁年龄组，平均家庭风险资产总量配置率基本呈现递增形态；从 41~45 岁年龄组开始，随着年龄增加，家庭平均风险资产总量配置率基本呈现递减形态。20 岁以下年龄组和 81 岁以上年龄组的平均家庭风险资产总量配置率明显低于其他年龄组。以上实证表明我国东部家庭风险资产总量配置率存在"倒 U 型"生命周期效应。

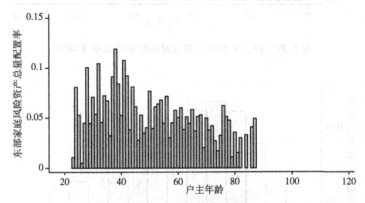

图 3.39　户主年龄与东部家庭风险资产总量配置率

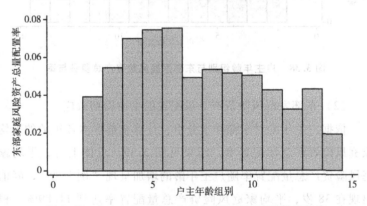

图 3.40　户主年龄组别与东部家庭风险资产总量配置率

（3）东部家庭股票参与的生命周期效应。

依据户主年龄对东部样本分组，计算东部样本各年龄的平均家庭股票参与率，结果见图 3.41，总体上看，平均家庭股票参与率随户主年龄的增加呈现"倒 U 型"，峰值出现在 38 岁，平均家庭股票参与率达到 18.64%。根据图 3.42 和附录 7，按照年龄段分组后，家庭股票参与率同样呈现"倒 U 型"生命周期效应，峰值出现在 36～40 岁年龄组，家庭股票参与率达到14.04%。20 岁以下年龄组开始一直到 36～40 岁年龄组，平均家庭股票参与率基本呈现递增形态；从 36～40 岁年龄组开始，随着年龄增加，平均家庭股票参与率基本呈现递减形态。以上实证表明我国东部家庭股票参与率存在"倒 U 型"生命周期效应。

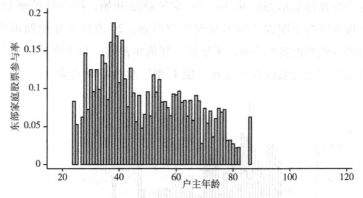

图 3.41　户主年龄与东部家庭股票参与率

（4）东部家庭股票配置的生命周期效应。

依据户主年龄对东部样本分组，计算东部样本各年龄的平均家庭股票配置率，结果见图 3.43，总体上看，平均家庭股票配置率随户主年龄的增加呈现"倒 U 型"，峰值出现在 38 岁，家庭股票配置率达到 8.45%。根据图 3.44 和附录 7，按年龄段分组后的家庭股票配置率同样呈现"倒 U 型"生命周期效应。峰值出现在 36～40 岁年龄组，平均家庭股票配置率约为 5.41%。

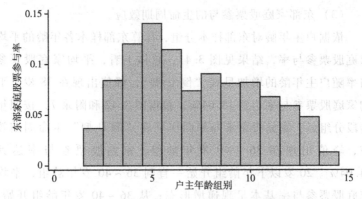

图 3.42　户主年龄组别与东部家庭股票参与率

20 岁以下年龄组开始一直到 36 ~ 40 岁年龄组,平均家庭股票配置率呈现递增形态;从 36 ~ 40 岁年龄组开始,随着年龄增加,平均家庭股票配置率基本呈现递减形态。20 岁以下年龄组的平均家庭股票配置率为 0,明显低于其他年龄组。以上实证表明我国东部家庭股票配置率存在"倒 U 型"生命周期效应。

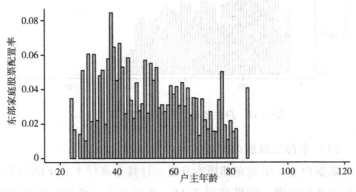

图 3.43　户主年龄与东部家庭股票配置率

(5) 东部家庭基金参与的生命周期效应。

依据户主年龄对东部样本分组,计算东部样本各年龄的平均家庭基金参与率,结果见图 3.45,总体上看,平均家庭基金参

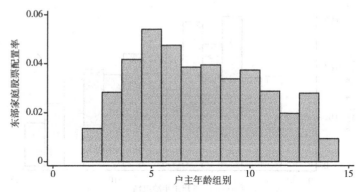

图 3.44 户主年龄组别与东部家庭股票配置率

与率随户主年龄的增加呈现"倒 U 型",峰值出现在 37 岁,家庭基金参与率达到 8.47%。根据图 3.46 和附录 8,按年龄段分组后,家庭基金参与率同样呈现"倒 U 型"生命周期效应,峰值出现在 26 ~ 40 岁年龄组,家庭基金参与率均超过 4.9%。20 岁以下年龄组开始一直到 26 ~ 40 岁年龄组,平均家庭基金参与率呈现递增形态;从 26 ~ 40 岁年龄组开始,随着年龄增加,平均家庭基金参与率基本呈现递减形态。20 岁以下年龄组的平均家庭基金参与率为 0,明显低于其他年龄组。以上实证表明我国东部家庭基金参与率存在"倒 U 型"生命周期效应。

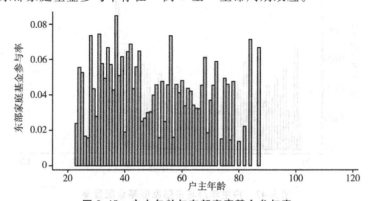

图 3.45 户主年龄与东部家庭基金参与率

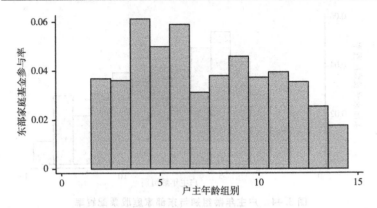

图 3.46   户主年龄组别与东部家庭基金参与率

（6）东部家庭基金配置的生命周期效应。

依据户主年龄对东部样本分组，计算东部样本各年龄的平均家庭基金配置率，结果见图 3.47，总体上看，平均家庭基金配置率并未出现明显的生命周期效应，峰值出现在 37 岁，家庭基金配置率达到 8.47%。根据图 3.48 和附录 8，按年龄段分组后的家庭基金配置率呈现"倒 U 型"生命周期效应。峰值出现在 41~45 岁年龄组，家庭基金配置率为 2.23%。20 岁以下年龄组开始一直到 41~45 岁年龄组，平均家庭基金配置率呈现递增形

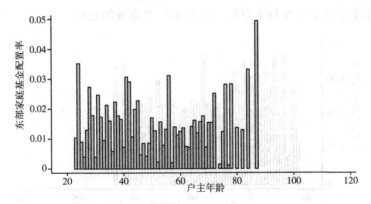

图 3.47   户主年龄与东部家庭基金配置率

态；从 41 ~45 岁年龄组开始，随着年龄增加，平均家庭基金配置率基本呈现递减形态。20 岁以下年龄组的平均家庭基金配置率为 0，明显低于其他年龄组。以上实证表明我国东部家庭基金配置率存在"倒 U 型"生命周期效应。

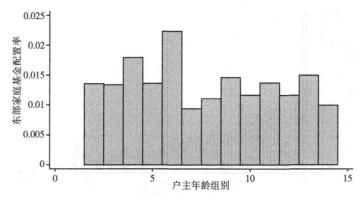

图 3.48　户主年龄组别与东部家庭基金配置率

（7）东部家庭风险资产选择生命周期效应小结。

东部家庭风险资产参与和配置均存在"倒 U 型"生命周期效应，37 岁、38 岁户主家庭的风险资产参与率和配置率最高，峰值对应年龄组集中在 31 ~45 岁年龄阶段，风险资产参与和配置均在达到峰值对应年龄组前，大体呈现递增态势；在达到峰值对应年龄组后大体呈现递减态势。细致研究股票和基金的家庭风险资产选择现状后，上述结论同样成立。

3.6.2　中部家庭风险资产选择生命周期效应现状

（1）中部家庭风险资产总量参与的生命周期效应。

依据户主年龄对中部样本分组，计算中部样本各年龄的平均家庭风险资产总量参与率，结果见图 3.49，总体上看，平均家庭风险资产总量参与率随户主年龄的增加未能呈现出清晰的生命周期形态。进一步，根据图 3.50 和附录 6，按照年龄段分组后，

20 岁以下年龄组的平均家庭风险资产总量参与率最高，但考虑到 20 岁以下年龄组中仅有 9 个观测家庭，易受极端值的影响，因此除去 20 岁以下年龄组后再次观察，中部家庭风险资产总量参与率呈现"倒 U 型"生命周期效应。

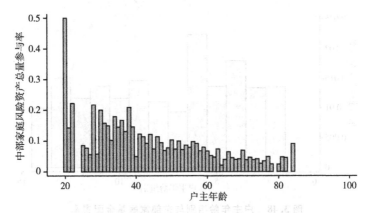

图 3.49   户主年龄与中部家庭风险资产总量参与率

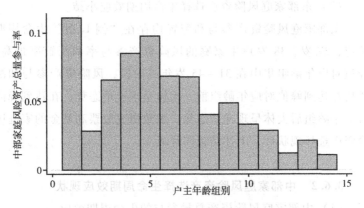

图 3.50   户主年龄组别与中部家庭风险资产总量参与率

（2）中部家庭风险资产总量配置生命周期效应。

依据户主年龄对中部样本分组，计算中部样本各年龄的平均家庭风险资产总量配置率，结果见图 3.51，总体上看，平均家

庭风险资产总量配置率随户主年龄的增加未能呈现出清晰的生命
周期形态。根据图 3.52 和附录 6，按照年龄段分组后，20 岁以
下年龄组的平均家庭风险资产总量配置率最高，同样考虑到 20
岁以下年龄组易受极端值的影响，除去 20 岁以下年龄组后再次
观察，中部家庭风险资产总量配置率呈现"倒 U 型"生命周期
效应，峰值出现在 36～40 岁年龄组，家庭风险资产总量配置率
约为 4.02%。21～25 岁年龄组开始一直到 36～40 岁年龄组，中部

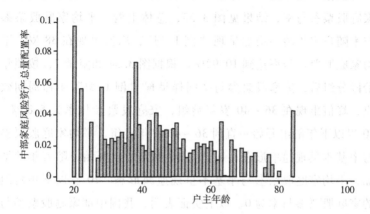

图 3.51　户主年龄与中部家庭风险资产总量配置率

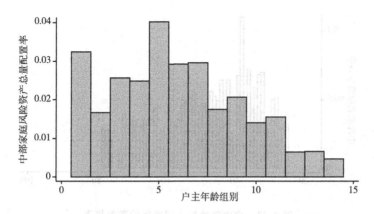

图 3.52　户主年龄组别与中部家庭风险资产总量配置率

平均家庭风险资产总量配置率呈现递增形态；从 36～40 岁年龄组开始，随着年龄增加，中部平均家庭风险资产总量配置率基本呈现递减形态。71 岁以上各年龄组的平均家庭风险资产总量配置率明显低于 71 岁以下各年龄组。以上实证表明，我国中部家庭风险资产总量配置率基本存在"倒 U 型"生命周期效应。

（3）中部家庭股票参与的生命周期效应。

依据户主年龄对中部样本分组，计算中部样本各年龄的平均家庭股票参与率，结果见图 3.53，总体上看，平均家庭股票参与率随户主年龄的增加呈现"倒 U 型"，峰值出现在 38 岁，平均家庭股票参与率达到 10.98%。根据图 3.54 和附录 7，按照年龄段分组后，家庭股票参与率同样呈现"倒 U 型"生命周期效应，峰值出现在 36～40 岁年龄组，家庭股票参与率为 5.83%。20 岁以下年龄组开始一直到 36～40 岁年龄组，平均家庭股票参与率基本呈现递增形态；从 36～40 岁年龄组开始，随着年龄增加，平均家庭股票参与率基本呈现递减形态。20 岁以下年龄组的家庭股票参与率为 0。以上实证表明，我国中部家庭股票参与率存在"倒 U 型"生命周期效应。

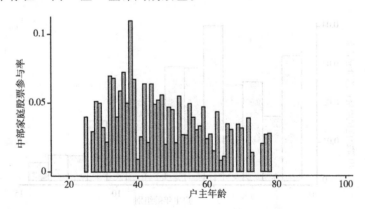

图 3.53　户主年龄与中部家庭股票参与率

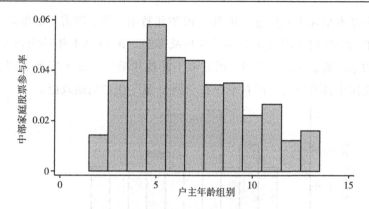

图 3.54　户主年龄组别与中部家庭股票参与率

（4）中部家庭股票配置的生命周期效应。

依据户主年龄对中部样本分组，计算中部样本各年龄的平均家庭股票配置率，结果见图 3.55，总体上看，平均家庭股票配置率随户主年龄的增加呈现"倒 U 型"，峰值出现在 36 岁，家庭股票配置率达到 3.75%。根据图 3.56 和附录 7，按年龄段分组后的家庭股票配置率同样呈现"倒 U 型"生命周期效应。峰值出现在 36～40 岁年龄组，平均家庭股票配置率超过 2%。20 岁以下年龄组开始一直到 36～40 岁年龄组，平均家庭股票配置

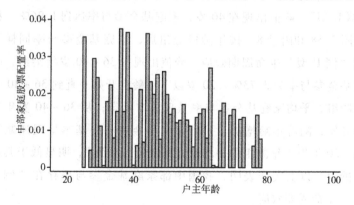

图 3.55　户主年龄与中部家庭股票配置率

率基本呈现递增形态；从 36～40 岁年龄组开始，随着年龄增加，平均家庭股票配置率基本呈现递减形态。20 岁以下年龄组的平均家庭股票配置率为 0，明显低于其他年龄组。以上实证表明，我国中部家庭股票配置率存在"倒 U 型"生命周期效应。

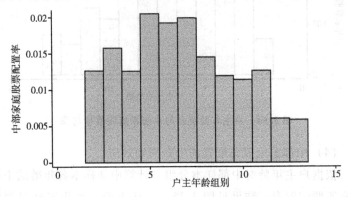

图 3. 56　户主年龄组别与中部家庭股票配置率

（5）中部家庭基金参与的生命周期效应。

依据户主年龄对中部样本分组，计算中部样本各年龄的平均家庭基金参与率，结果见图 3.57，除去 80 岁以上个别年龄组外，总体上看，平均家庭基金参与率随户主年龄的增加呈现"倒 U 型"，峰值出现在 40 岁，家庭基金参与率达到 1.96%。根据图 3.58 和附录 8，按年龄段分组后，家庭基金参与率同样呈现"倒 U 型"生命周期效应，峰值出现在 36～40 岁年龄组，家庭基金参与率为 3.73%。20 岁以下年龄组开始一直到 36～40 岁年龄组，平均家庭基金参与率呈现递增形态；从 36～40 岁年龄组开始，随着年龄增加，平均家庭基金参与率基本呈现递减形态。20 岁以下年龄组的平均家庭基金参与率为 0，明显低于其他年龄组。以上实证表明，我国中部家庭基金参与率存在"倒 U 型"生命周期效应。

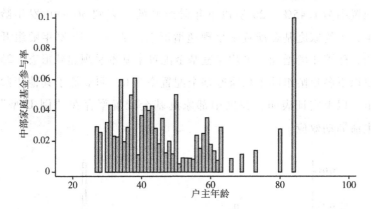

图 3.57　户主年龄与中部家庭基金参与率

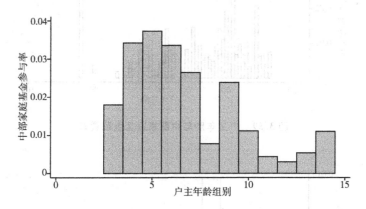

图 3.58　户主年龄组别与中部家庭基金参与率

（6）中部家庭基金配置的生命周期效应。

依据户主年龄对中部样本分组，计算中部样本各年龄的平均家庭基金配置率，结果见图 3.59，除去 80 岁以上个别年龄组外，总体上看，平均家庭基金配置率随户主年龄的增加呈现"倒 U 型"，峰值出现在 38 岁，家庭基金配置率为 3.04%。根据图 3.60 和附录 8，按年龄段分组后的家庭基金配置率呈现"倒 U 型"生命周期效应。峰值出现在 36～40 岁年龄组，家庭基金配置率为 1.45% 。20 岁以下年龄组开始一直到 36 ~ 40 岁年龄组，平均家庭基金配置率呈现递增形态；从 36 ~ 40 岁年龄组开始，随着年龄增加，平均家庭基金配置率基本呈现递减形态。25 岁以下各年龄组的平均家庭基金配置率为 0，明显低于其他年龄组。以上实证表明，我国中部家庭基金配置率存在"倒 U 型"生命周期效应。

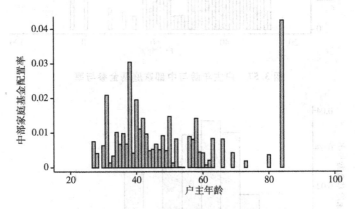

图 3.59 户主年龄与中部家庭基金配置率

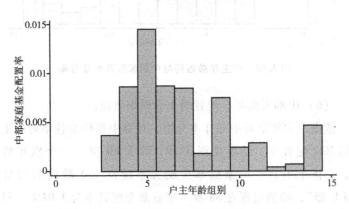

图 3.60 户主年龄组别与中部家庭基金配置率

（7）中部家庭风险资产选择生命周期效应小结。

中部家庭除去 20 岁以下年龄组以外，家庭风险资产参与和配置均呈现出"倒 U 型"生命周期效应，峰值对应年龄组均为 36～40 岁年龄组，风险资产参与和配置均在达到峰值对应年龄组前，大体呈现递增态势；在达到峰值对应年龄组后大体呈现递减态势。细致研究股票和基金的家庭风险资产选择现状后，上述结论同样成立。

3.6.3　西部家庭风险资产选择生命周期效应现状

（1）西部家庭风险资产总量参与的生命周期效应。

依据户主年龄对西部样本分组，计算西部样本各年龄的平均家庭风险资产总量参与率，结果见图 3.61，总体上看，平均家庭风险资产总量参与率随户主年龄的增加未能呈现出清晰的生命周期形态。进一步，根据图 3.62 和附录 6，按照年龄段分组后，西部家庭风险资产总量参与率呈现"倒 U 型"生命周期效应，峰值出现在 31～35 岁年龄组，家庭风险资产总量参与率约为 10.28%。20 岁以下年龄组开始一直到 31～35 岁年龄组，西部平均家庭风险资产总量参与率基本呈现递增形态；从 31～35 岁

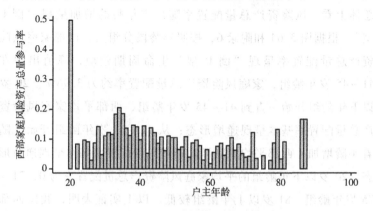

图 3.61　户主年龄与西部家庭风险资产总量参与率

年龄组开始,随着年龄增加,西部平均家庭风险资产总量参与率基本呈现递减形态。20 岁以下年龄组的平均家庭风险资产总量参与率为 0,明显低于其他各年龄组。以上实证表明,我国西部家庭风险资产总量参与率存在"倒 U 型"生命周期效应。

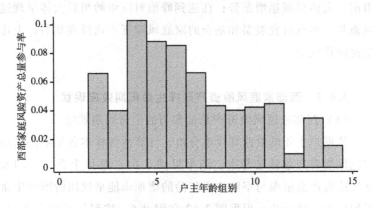

图 3.62 户主年龄组别与西部家庭风险资产总量参与率

(2)西部家庭风险资产总量配置生命周期效应。

依据户主年龄对西部样本分组,计算西部样本各年龄的平均家庭风险资产总量配置率结果见图 3.63,除去 79 岁年龄组外,总体上看,风险资产总量配置率随户主年龄的增加呈现"倒 U 型"。根据图 3.64 和附录 6,按照年龄段分组后,西部家庭风险资产总量配置率呈现"倒 U 型"生命周期效应,峰值出现在41～45 岁年龄组,家庭风险资产总量配置率约为 3.96%。20 岁以下年龄组开始一直到 41～45 岁年龄组,西部平均家庭风险资产总量配置率基本呈现递增形态;从 41～45 岁年龄组开始,随着年龄增加,西部平均家庭风险资产总量配置率基本呈现递减形态。20 岁以下年龄组的平均家庭风险资产总量配置率为 0,71～75 岁年龄组、81 岁以上年龄组较低。以上实证表明,我国西部家庭风险资产总量配置率存在"倒 U 型"生命周期效应。

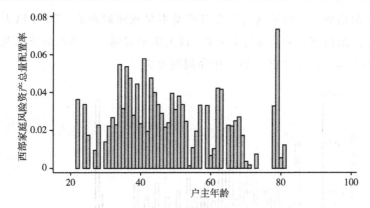

图 3.63　户主年龄与西部家庭风险资产总量配置率

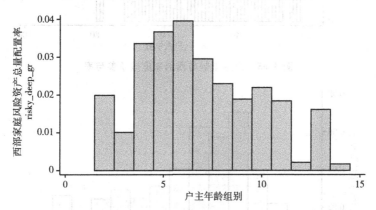

图 3.64　户主年龄组别与西部家庭风险资产总量配置率

（3）西部家庭股票参与的生命周期效应。

依据户主年龄对西部样本分组，计算西部样本各年龄的平均家庭股票参与率，结果见图 3.65，总体上看，股票参与率未呈现出清晰的生命周期效应。进一步，根据图 3.66 和附录 7，按照年龄段分组后，家庭股票参与率同样呈现"倒 U 型"生命周期效应，峰值出现在 31～35 岁年龄组，家庭股票参与率约为 7%。20 岁以下年龄组开始一直到 31～35 岁年龄组，平均家庭股票参与率基本呈现递增形态；从 31～35 岁年龄组开始，随着年龄增加，平均家庭股票参与率基本呈现递减形态。20 岁以下年龄组的家庭股票参与率为 0。以上实证表明，我国西部家庭股票参与率存在"倒 U 型"生命周期效应。

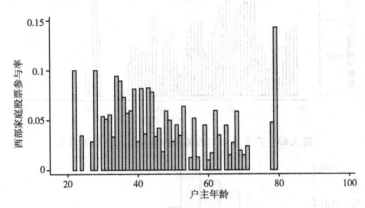

图 3.65　户主年龄与西部家庭股票参与率

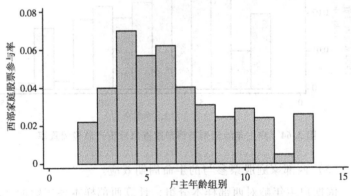

图 3.66　户主年龄组别与西部家庭股票参与率

（4）西部家庭股票配置的生命周期效应。

依据户主年龄对西部样本分组，计算西部样本各年龄的平均家庭股票配置率，结果见图 3.67，总体上看，股票配置未出现清晰的生命周期效应。进一步，根据图 3.68 和附录 7，按年龄段分组后的家庭股票配置率呈现"倒 U 型"生命周期效应。峰值出现在 41～45 岁年龄组，平均家庭股票配置率超过 2.6%。
20 岁以下年龄组开始一直到 41～45 岁年龄组，平均家庭股票配
置率基本呈现递增形态；从 41～45 岁年龄组开始，随着年龄增
加，平均家庭股票配置率基本呈现递减形态。20 岁以下年龄组
的平均家庭股票配置率为 0。以上实证表明，我国西部家庭股票
配置率存在"倒 U 型"生命周期效应。

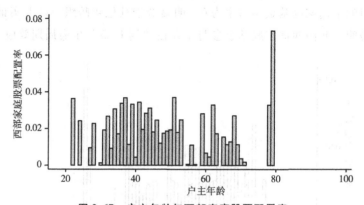

图 3.67　户主年龄与西部家庭股票配置率

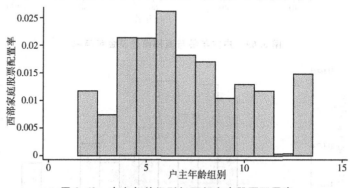

图 3.68　户主年龄组别与西部家庭股票配置率

（5）西部家庭基金参与的生命周期效应。

依据户主年龄对西部样本分组，计算西部样本各年龄的平均
家庭基金参与率，结果见图 3.69，总体上看，基金参与率未呈

现清晰的生命周期效应。进一步，根据图 3.70 和附录 8，按年龄段分组后，家庭基金参与率同样呈现"倒 U 型"生命周期效应，峰值出现在 46～50 岁年龄组，家庭基金参与率约为 3.72%。20 岁以下年龄组开始一直到 46～50 岁年龄组，平均家庭基金参与率基本呈现递增形态；从 46～50 岁年龄组开始，随着年龄增加，平均家庭基金参与率基本呈现递减形态。25 岁以下各年龄组的平均家庭基金参与率为 0，明显低于其他年龄组。以上实证表明，我国西部家庭基金参与率存在"倒 U 型"生命周期效应。

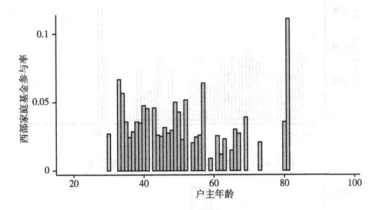

图 3.69　户主年龄与西部家庭基金参与率

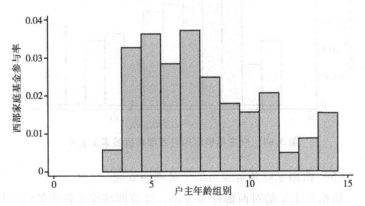

图 3.70　户主年龄组别与西部家庭基金参与率

（6）西部家庭基金配置的生命周期效应。

依据户主年龄对西部样本分组，计算西部样本各年龄的平均家庭基金配置率，结果见图 3.71，总体上看，基金配置率未呈现清晰的生命周期效应。进一步，根据图 3.72 和附录 8，按年龄段分组后的家庭基金配置率呈现"倒 U 型"生命周期效应。峰值出现在 36~40 岁年龄组，家庭基金配置率约为 1.3%。20 岁以下年龄组开始一直到 36~40 岁年龄组，平均家庭基金配置

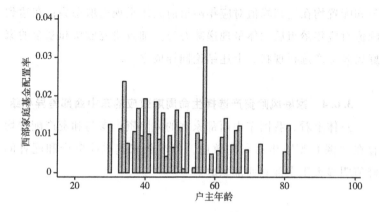

图 3.71　户主年龄与西部家庭基金配置率

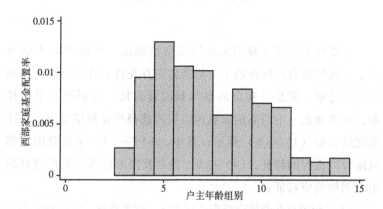

图 3.72　户主年龄组别与西部家庭基金配置率

率呈现递增形态；从 36～40 岁年龄组开始，随着年龄增加，平均家庭基金配置率基本呈现递减形态。25 岁以下年龄组的平均家庭基金配置率为 0，明显低于其他年龄组。以上实证表明，我国西部家庭基金配置率存在"倒 U 型"生命周期效应。

（7）西部家庭风险资产选择生命周期效应小结。

西部家庭风险资产参与和配置均存在"倒 U 型"生命周期效应，峰值对应年龄组集中在 26～45 岁年龄阶段，风险资产参与和配置均在达到峰值对应年龄组前大体呈现递增态势；在达到峰值对应年龄组后大体呈现递减态势。细致研究股票和基金的家庭风险资产选择现状，上述结论同样成立。

3.6.4　家庭风险资产选择生命周期效应的东中西部差异小结

总体上看，我国东中西部家庭的风险资产参与和资产配置均存在"倒 U 型"生命周期效应，但东部家庭风险资产和配置的峰值明显大于中部和西部家庭。

3.7　本章小结

本章首先研究了我国家庭风险资产概况，借助 MIC 方法研究了家庭风险资产选择的生命周期效应存在性，在此基础上从风险资产总量、股票、基金的参与和配置角度，分别研究了全样本，城乡和东、中西部的家庭风险资产选择生命周期效应。具体研究结论如（1）～（6）所示，其中，（1）～（3）条是我国家庭风险资产概况的特征，（4）～（6）条是我国家庭风险资产选择的生命周期效应特征：

（1）我国存在着风险资产参与率低、配置率低、家庭风险资产配置率差异大，且不同地区家庭的风险资产配置率差异大等特点。

（2）股票和基金是我国家庭风险资产的主要项目。

（3）家庭风险资产参与率和配置率高的地区，其风险资产配置率的差异性要小于家庭风险资产参与率和配置率低的地区。

（4）我国家庭风险资产选择基本存在"倒 U 型"生命周期效应。风险资产选择随着年龄变化存在一个明显的峰值，各风险资产参与和配置均在达到峰值对应年龄组前大体呈现递增态势，在达到峰值对应年龄组后大体呈现递减态势。

（5）农村家庭不同年龄组的风险资产选择波动性大于城市家庭；东部家庭不同年龄组的风险资产选择波动性大于中西部家庭。

（6）我国家庭风险资产选择的生命周期效应存在地区纵向差异，城镇家庭的风险资产参与率峰值和配置率峰值明显大于农村家庭，东部家庭的风险资产参与率峰值和配置率峰值明显大于中西部家庭。

第4章 中国家庭风险资产选择的生命周期效应实证研究

4.1 假设的提出

4.1.1 中国家庭风险资产选择影响因素的存在性

根据文献回顾和前文的研究，家庭风险资产选择影响因素中存在生命周期效应的有：家庭收入、家庭财富、风险偏好、受教育年限和金融专业知识。依据提出的家庭风险资产选择机制，家庭收入和家庭财富正向影响金融资产额度，进而增加对风险资产的选择；风险偏好的厌恶程度越大，就越会降低风险资产的转化率，进一步降低对风险资产的选择；受教育年限和金融专业知识正向影响风险资产的转化率，增加对风险资产选择。据此，本书提出以下假设：

假设 1.1：家庭收入正向影响家庭资产选择。

假设 1.2：家庭财富正向影响家庭资产选择。

假设 1.3：风险偏好负向影响家庭资产选择。

假设 1.4：受教育年限正向影响家庭资产选择。

假设 1.5：金融专业知识正向影响家庭风险资产选择。

4.1.2 中国家庭风险资产选择影响因素的生命周期效应

依据前文的研究，家庭收入、家庭财富、风险偏好、受教育年限和金融专业知识均存在生命周期效应，故提出以下假设：

假设 2.1：家庭收入存在"倒 U 型"生命周期效应。

假设 2.2：家庭财富存在"倒 U 型"生命周期效应。

假设 2.3：风险偏好存在递增型生命周期效应。

假设 2.4：受教育年限存在"倒 U 型"生命周期效应。

假设 2.5：金融专业知识存在"倒 U 型"生命周期效应。

4.1.3　中国家庭风险资产选择的地区差异

本书 3.4 节的研究显示，农村家庭不同年龄组的风险资产选择波动性大于城市家庭，中西部家庭不同年龄组的风险资产选择波动性大于东部家庭。根据本书理论研究，家庭收入、家庭财富、风险偏好、户主金融知识、受教育年限的生命周期效应是家庭风险资产选择呈现生命周期效应的原因，城乡之间、东部和中西部之间的风险资产选择生命周期效应差异，成因理应是城乡之间以及东部和中西部之间的家庭收入、家庭财富、风险偏好、户主金融知识、受教育年限中若干因素的生命周期效应存在城乡差异、东部和中西部差异，据此，提出以下假设：

假设 3.1：农村家庭的家庭收入、家庭财富、户主金融知识、受教育年限的变异系数均大于城市家庭，这是造成农村家庭风险资产选择波动性比城市家庭大的原因。

假设 3.2：中西部家庭的家庭收入、家庭财富、户主金融知识、受教育年限的变异系数均大于东部家庭，这是造成中西部家庭风险资产选择波动性比东部家庭大的原因。

4.2　研究设计

4.2.1　假设的验证路径

（1）针对假设 1.1 到假设 1.5，分别使用 IVprobit 回归和

IVtobit 回归验证家庭收入、家庭财富、风险偏好、受教育年限和金融专业知识是风险资产参与和风险资产配置的影响因素。如果计量结果发现上述变量显著且符号满足假设，则假设 1.1 到假设 1.5 得证。

（2）针对假设 2.1 到假设 2.5，使用相关性测度方法和图示法相结合的方式验证家庭收入、家庭财富、风险偏好、受教育年限和金融知识存在生命周期效应。如果根据相关性测度方法和图示法，上述变量分别存在假设中提出的生命周期效应，则假设 2.1 到假设 2.5 得证。

（3）针对假设 3.1 和假设 3.2，分别计算家庭收入、家庭财富、风险偏好、受教育年限和金融知识在不同年龄组间的变异系数，比较变异系数在城乡之间以及东部和中西部之间的差异。如果上述变异系数确实存在城乡差别、东部和中西部差异，假设 3.1 和假设 3.2 将得证。

4.2.2　变量选择及测度

依据对前文家庭风险资产的影响因素文献回归，模型变量选择如下：

（1）被解释变量包括：

第一，风险资产参与。以家庭是否持有风险资产为依据，判断家庭是否参与风险资产配置。

第二，风险资产配置。用风险资产除以金融资产得到每个家庭的风险资产配置率。

（2）解释变量包括：

第一，家庭年龄（age，age^2）。本书直接以户主年龄（age）表征家庭年龄，考虑到家庭的生命周期效应，还使用年龄的平方（age^2）。

第二，家庭收入（income）。CHFS2013 调查并直接汇总了上年全家的收入，本书以此作为家庭收入。

第三，家庭财富（wealth）。家庭金融的相关研究中认为，家庭净资产即家庭财富，本书以家庭当前的净资产表征家庭财富，CHFS2013 给出了总资产变量，本书自行计算了每个家庭的负债，用总资产减去总负债得到净资产，表征家庭财富。计算如下：

$$wealth_i = asset_i - debt_i \qquad (4.1)$$

其中 $wealth_i$ 表示第 i 个家庭的财富，$asset_i$ 表示第 i 个家庭的总资产，$debt_i$ 表示第 i 个家庭的总负债。

第四，户主风险偏好（pre）。CHFS2013 向户主调查了关于风险偏好的问题，即"如果您有一笔钱，您愿意选择哪种投资项目"，答案选项分别为"1. 高风险，高回报的项目；2. 略高风险，略高回报的项目；3. 平均风险，平均回报的项目；4. 略低风险，略低回报的项目；5. 不愿意承担任何风险"，按照回答分别赋值 1—5，赋值越高，表明家庭户主的风险厌恶程度越高。计算公式如下：

$$pre_i = \begin{cases} 1 & \text{if answer} = 1 \\ 2 & \text{if answer} = 2 \\ 3 & \text{if answer} = 3 \\ 4 & \text{if answer} = 4 \\ 5 & \text{if answer} = 5 \end{cases} \qquad (4.2)$$

pre_i 表示第 i 个家庭的户主风险偏好。

第五，户主受教育年限（edu）。按照户主文化程度，分别赋值受教育年限，没上过学为 0，读小学为 6 年，读到初中为 9 年，读到高中、中专或职高为 12 年，读到大专或高职为 15 年，读到大学为 16 年，读到硕士研究生为 18 年，读到博士研究生为 22 年。计算过程如下：

$$
edu_i = \begin{cases}
0 & \text{if answer = "没上过小学"} \\
6 & \text{if answer = "小学"} \\
9 & \text{if answer = "初中"} \\
12 & \text{if answer = "高中"or"中专"or"职高"} \\
15 & \text{if answer = "大专"or"高职"} \\
16 & \text{if answer = "大学"} \\
18 & \text{if answer = "硕士研究生"} \\
22 & \text{if answer = "博士研究生"}
\end{cases} \quad (4.3)
$$

edu_i 表示第 i 个家庭的户主受教育年限。

第六，户主金融知识（knowledge）。大多数学者认同以具体的金融问题回答正确率表征金融知识，金融问题包括利率、通货膨胀率和投资风险三个方面（Rooij，2011；尹志超等，2014；宋全云等，2019），CHFS 向户主提问了"假设您现在有 100 块钱，银行的年利率是 4%，如果您把这 100 元钱存 5 年定期，5 年后您获得的本金和利息为多少？"、"假设您现在有 100 块钱，银行的年利率是 5%，通货膨胀率每年是 3%，您的这 100 元钱存银行一年之后能够买到的东西和一年前比，是多还是少"、"您认为一般而言，单独买一只公司的股票是否比买一只股票基金风险更大？"可分别对应利率、通货膨胀率和投资风险知识。本书以对上述三个问题回答的平均正确率表征金融知识（knowledge）。计算过程如下：

$$
knowledge_i = (knowledge_{i,1} + knowledge_{i,2} + knowledge_{i,3})/3 \quad (4.4)
$$

$knowledge_i$ 表示第 i 个家庭的金融知识水平。其中 $knowledge_{i,1} = 1$，当且仅当第 i 个家庭的户主对利率问题回答正确，否则 $knowledge_{i,1} = 0$；$knowledge_{i,2} = 1$，当且仅当第 i 个家庭的户主对通货膨胀率问题回答正确，否则 $knowledge_{i,2} = 0$；$knowledge_{i,3} = 1$，当且仅当第 i 个家庭的户主对投资风险问题回答正确，否则 $knowledge_{i,3} = 0$。

（3）部分控制变量测度：

第一，健康风险（s_health）。健康风险一般分为主观健康风险和客观健康风险，主观健康风险使用自评健康数据度量，客观健康风险使用医疗支出数据表征。医疗支出数据并不一定能客观表征家庭健康风险，例如：当家庭存在健康风险但无力支付医疗费用时，该家庭的医疗支出较小，但实际上存在健康风险。主观健康风险的测度相对偏差较小，故本书使用自评健康。

第二，医疗保险（med）和大病医疗统筹（simed）。参加医疗保险有利于家庭提高风险资产配置（周钦等，2015），按照户主是否购买医疗保险判断。进一步，参加大病医疗统筹对于降低预防性储蓄有明显的作用，因此在控制变量中加入"是否参加大病医疗统筹"。

第三，户主婚姻状况（married）。李烜等（2015）按照是否有配偶，区分户主的婚姻状况。本书沿袭这一做法，将已婚和同居统称为"有配偶"，未婚、分居、离婚和丧偶统称为"单身"。

第四，房产变量（house）。房产对家庭风险资产有"挤出效应"（Cocco，2005；吴卫星等，2010），特别是家庭购买首套住房时，挤出效应明显（吴卫星等，2014）。本书以户主当前所住房屋是否为租用作为房产变量。

第五，户主所在地的经济发展水平（pGDP）。户主所在省份的经济发展水平越高，则经济金融服务水平越高。因此，本书选取户主所在省份的经济发展水平作为控制变量。具体地，以2013 年户主所在省份的人均 GDP 来衡量当地经济发展水平。

4.2.3　变量符号、名称及解释

本章实证涉及变量的符号、名称及解释见表4.1。

表 4.1 变量符号、名称及解释表

变量符号	变量名称	变量解释
risky_par	风险资产参与	分类变量，1 表示参与，0 表示没有
replace_par	股票和基金参与	分类变量，1 表示参与，0 表示没有
risky_deep	风险资产配置率	定量变量，风险资产/金融资产
replace_deep	股票和基金配置率	定量变量，（股票＋基金）/金融资产
age	户主年龄	定量变量
age^2	户主年龄的平方	定量变量
edu	户主教育年限	定量变量
s_health	户主主观健康风险	分类变量，1 表示有健康风险，0 表示没有
o_health	户主客观健康水平	分类变量，1 表示有医疗支出，0 表示没有
pre	户主风险偏好	定量变量，值越大，越厌恶风险
med	医保	分类变量，1 表示参与，0 表示没有参与
simed	大病医疗统筹	分类变量，1 表示参与，0 表示没有参与
knowledge	金融知识	定量变量，值越大，正确率越高
m_edu	户主母亲受教育年限	定量变量
wealth	家庭财富	定量变量
lnwealth	家庭财富的对数	定量变量
income	家庭总收入	定量变量
lnincome	家庭总收入的对数	定量变量
sex	户主性别	分类变量，1 表示男性，0 表示女性
member	家庭成员数	定量变量
married	户主婚姻	分类变量，1 表示有配偶，0 表示单身
house	是否租房	分类变量，1 表示有租房，0 表示自有
rural	城乡	分类变量，1 表示城镇，0 表示农村
pGDP	户主所在省人均 GDP	定量变量
lnpGDP	户主所在省人均 GDP 对数	定量变量

4.2.4　数据预处理

本章使用 2013 年 CHFS 调查数据，删去变量缺失观测值，得到 17 378 个样本观测值。考虑异常值对估计结果的可能影响，对家庭净资产、家庭总收入、家庭成员数、风险资产配置率和股票配置率等连续变量进行 5% 和 95% 的 Winsorize 缩尾处理。

4.2.5　模型设定

本章构建家庭风险资产参与模型和家庭风险资产配置模型。具体将使用 IVprobit 模型构建风险资产参与模型，使用 IVtobit 模型构建风险资产配置模型；考虑到金融知识和风险资产选择之间可能存在互为因果导致模型存在内生性，在估计时以户主母亲学历作为户主金融知识的工具变量，使用两阶段最小二乘回归方法。

（1）家庭风险资产参与模型。

家庭风险资产的参与模型的因变量只有两个取值，适合使用离散选择模型构建，常见的离散选择模型有 probit 模型和 logit 模型，两者的最主要区别在于对随机扰动项的分布假定不同：probit 模型假定随机扰动项服从标准正态分布，logit 模型假定随机扰动项服从 logistic 分布（Greene，2011；Wooldridge，2010）。本书借助 probit 模型建立家庭风险资产的参与模型，具体模型设定如下：

$$risky\_par^* = \eta_1 lnincome_i + \eta_2 lnwealth_i + \eta_3 pre_i + \eta_4 edu_i$$
$$+ \eta_5 kno_i + \eta_6 contral_i + \delta_i \qquad (4.5)$$
$$risky\_par = I(risky\_par^* > 0) \qquad (4.6)$$

模型的随机扰动项服从正态分布，即 $\delta \sim N(0, \sigma^2)$。被解释变量和解释变量符号意义见表 4.1，控制变量（control）包括户主年龄（age）、户主年龄的平方（age^2）、户主主观健康风险（s_health）、是否参与医保（med）、是否参与大病医疗统筹（simed）、户主性别（sex）、家庭成员数（member）、户主婚姻（married）、是否租房（house）、城乡变量（rural）、取对数后的户主所在省的人均 GDP（lnmGDP）。$risky\_par^*$ 为潜变量，$risky\_par$ 表示风险资产参与，I 表示示性函数。当 $risky\_par^* > 0$ 时，I 为 1，表示家庭持有风险资产；否则为 0，表示没有持有风险资产。

金融知识和家庭风险资产参与可能存在互为因果关系，导致模型违背外生性假定。两阶段最小二乘法常被用于解决模型存在内生变量的情形，两阶段最小二乘法需要首先找到一个工具变量，选取工具变量的准则有两个：一是相关性，即工具变量和内生变量高度相关；二是外生性，即工具变量和随机扰动项不相关。两阶段最小二乘法得名于其估计步骤分为两步：第一步，分离出内生变量的外生部分；第二步，用外生部分进行回归。有文献使用父母的最高学历作为金融知识的工具变量，本书认为母亲对子女的影响较大，母亲的受教育年限和户主金融知识的相关性更大，且和随机扰动项不相关，符合工具变量的选取标准。IVprobit 模型的第一阶段回归模型如下：

$$kno_i = \mu_0 + \mu_1 lnincome_i + \mu_2 lnwealth_i + \mu_3 pre_i + \mu_4\, edu_i$$
$$+ \mu_5 IV_i + \mu_6 contral_i + \xi_i \qquad (4.7)$$

模型的随机扰动项服从正态分布，即 $\xi \sim N(0,\sigma^2)$，IVprobit 模型的第二阶段回归如下：

$$risky\_par_i^* = \eta_0 + \eta_1 lnincome_i + \eta_2 lnwealth_i + \eta_3 pre_i$$
$$+ \eta_4 edu_i + \eta_5\, \hat{kon}_i + \eta_6 contral_i + \delta_i \qquad (4.8)$$

（2）风险资产配置模型。

家庭风险资产配置模型的因变量是家庭风险资产配置率，在实际观察中只能观察到大于或等于 0 的情形，其中家庭风险资产配置率为 0 的观测值较多，属于因变量受限的情形。tobit 模型由 Tobin 在 1958 年首次提出，适用于因变量受限情况，因此本书使用 tobit 模型建立家庭风险资产配置模型，具体模型设定如下：

$$risky\_deep_i^* = \beta_0 + \beta_1 \ln income_i + \beta_2 \ln wealth_i + \beta_3 pre_i$$
$$+ \beta_4 edu_i + \beta_5 kno_i + \beta_6 control_i + \varepsilon_i \qquad (4.9)$$

$$risky\_deep_i = \max(0, risky\_deep_i^*) \qquad (4.10)$$

模型的随机扰动项服从正态分布，即 $\varepsilon \sim N(0,\sigma^2)$。$risky\_deep_i^*$ 为潜变量，$risky\_deep_i$ 表示风险资产配置率。考虑金融知识和家庭风险资产配置可能存在互为因果关系，下面以户主母亲的受教育年限作为户主金融知识的工具变量，采用两阶段最小二乘估计法进行估计，IVtobit 模型的第一阶段回归如下：

$$kno_i = \gamma_0 + \gamma_1 \ln income_i + \gamma_2 \ln wealth_i + \gamma_3 pre_i$$
$$+ \gamma_4 edu_i + \gamma_5 IV_i + \gamma_6 contral_i + \omega_i \qquad (4.11)$$

模型的随机扰动项服从正态分布，即 $\omega \sim N(0,\sigma^2)$。IVtobit 模型的第二阶段回归如下：

$$risky\_deep_i^* = \beta_0 + \beta_1 \ln income_i + \beta_2 \ln wealth_i + \beta_3 pre_i$$
$$+ \beta_4 edu_i + \beta_5 \hat{kon}_i + \beta_6 contral_i + \varepsilon_i \qquad (4.12)$$

4.3 中国家庭风险资产选择
机制的实证研究

本书分别统计了连续变量的中位数、均值、标准差、变异系数、最小值和最大值，以及各离散变量的均值，有效观测单位共有 17 378 个，结果见表 4.2。

4.3.1 描述性统计

（1）因变量描述性统计。

第一，离散型因变量描述性统计。

中国家庭的风险资产参与率较低，样本中有 8.4% 的家庭持有风险资产，其中 7.84% 的家庭持有股票或基金，占持有风险资产家庭的 93% 以上，从风险资产参与率角度看，股票和基金是家庭的主要风险资产项目。

第二，连续型因变量描述性统计。

中国家庭的风险资产配置率较低，样本家庭的平均风险资产配置率为 3.7%，平均股票和基金配置率为 2.45%，占平均风险资产配置率的 66% 以上。从风险资产参与程度角度看，股票和基金同样是家庭的主要风险资产项目。受限于低风险资产参与率，样本家庭的风险资产配置率和股票基金配置率的中位数均为 0。家庭之间的风险资产配置率差异性较大，风险资产配置率、股票和基金配置率的变异系数均高达 4 以上。

（2）自变量描述性统计。

第一，离散型自变量描述性统计。

离散型自变量的情况如下：样本中 82.17% 的户主不存在主观健康风险，80.46% 的户主不存在客观健康风险，表明调查中户主的主观健康风险状况和客观健康风险状况趋于一致。95.17% 的户主参加了医疗保险，并且有 14.07% 的户主参加了大病医疗统筹，表明家庭非常关注意外的医疗支出。75.07% 的户主为男性，当前家庭中，多数男性承担着家庭的主要收入，并且是家庭财务的决策者。87.51% 的户主处于婚姻或同居状态。32.35% 的家庭是农村家庭。86.52% 的家庭拥有现居住房屋，表明我国大多数家庭的资产中包括房产。

表 4.2　　　　　　　变量描述性统计表

var	n	p50	mean	sd	cv	min	max
risky_deep	17 378	0	0.04	0.15	4.05	0	0.94
replace_deep	17 378	0	0.03	0.14	4.20	0	0.94
age	17 378	52	52.94	14.07	0.27	17	111

续表

var	n	p50	mean	sd	cv	min	max
edu	17 378	9	9.2	4.11	0.45	0	22
pre	17 378	5	4.14	1.17	0.28	1	5
wealth	17 378	27.96	63.67	107.67	1.96	0.12	839.85
income	17 378	4.09	5.90	7.21	1.87	0.03	59.93
member	17 378	3	3.28	1.51	0.46	1	9
pGDP	17 378	4.28	5.12	2.18	0.43	2.32	10.01
knowledge	17 378	0	0.13	0.21	1.57	0	1
m_edu	17 378	0	0.15	0.22	1.44	0	1
risky_par	17 378		0.08				
replace_par	17 378		0.08				
s_health	17 378		0.82				
o_health	17 378		0.80				
med	17 378		0.95				
simed	17 378		0.14				
sex	17 378		0.75				
married	17 378		0.88				
house	17 378		0.87				
rural	17 378		0.32				

资料来源：根据 CHFS2013 资料整理得到。

第二，连续型自变量描述性统计。

各连续型自变量的样本情况如下：家庭户主年龄的中位数和均值均在 52 岁、53 岁左右；家庭户主的受教育年限的中位数和均值均在 9 年左右；户主的风险偏好中位数为 5、均值约为 4，表明大多数家庭的户主是风险厌恶者；家庭成员数的中位数和均值均在 3 左右，表明大多数家庭有 3 位家庭成员。家庭财富的中位数为 27.96 万元，均值达到 63.67 万元，表明家庭财富差异明显，家庭收入的差距略小于家庭财富，但其变异系数达到 1.87；

家庭所在省份的 GDP，最大值为 10.01 万元，最小值为 2.32 万元，表明所在省份的经济发展水平差异较大；金融知识的差异系数为 1.57，表明户主之间的金融知识水平参差不齐。

（3）描述性统计小结。

总体上，中国家庭风险资产参与率较低，且差异性较大，不同家庭的自变量差异性同样较大，变异系数大于 1 的自变量有家庭财富、家庭收入、户主金融知识水平以及户主母亲的金融知识水平。

4.3.2 内生变量的考虑和工具变量的选取

实证中将使用 IVprobit 模型研究家庭风险资产参与的影响因素。IVtobit 模型在研究家庭风险资产配置的影响因素时，两个模型的自变量相同。自变量中的年龄、受教育年限、风险偏好、家庭成员、所在省份 GDP、主客观健康风险、是否参与医疗保险和大病医疗统筹、户主性别和婚姻状况、是否租房、家庭财富等，均不会受是否参与或者配置风险资产的影响。家庭收入变量是指前一年的家庭收入总和，同样不会受风险资产选择影响。但是金融知识可能受到风险资产选择影响，持有风险资产的户主可能会增加自己的金融知识水平，这可能导致所建立的计量模型存在因反向因果而导致的内生性问题。已有研究把父母的最高学历作为户主金融知识的工具变量。一般地，母亲和孩子的相处时间更长，对孩子的影响较大，和户主的金融知识水平关系较大。此外，母亲的最高学历不会受风险资产选择的影响，是模型的外生变量，因此把母亲的学历作为户主金融知识的工具变量更为合理。

4.3.3 中国家庭风险资产参与影响因素的实证结果及解释

使用 IVprobit 模型研究家庭风险资产参与的影响因素，计量结果如表 4.3 所示。其中：第（3）列报告了金融知识水平的内生性检验，在 1% 的水平上显著，表明金融知识水平是模型的内

生解释变量，使用母亲学历作为工具变量，采用两阶段最小二乘
估计法估计，第一阶段的 F 值为 86.1，工具变量 t 值为 5.6，排
除了弱工具变量问题，模型通过了 Wald 检验，表明模型中的自
变量能够较好地解释因变量。普通最小二乘回归和两阶段最小二
乘回归中金融知识均通过了显著性检验，但金融知识在两阶段最
小二乘回归中的系数为 6.1652，明显大于普通最小二乘回归中
的系数 0.5540，表明金融知识和风险资产参与之间存在互为因
果关系，这导致普通最小二乘回归违背了自变量外生性假定，低
估了金融知识对风险资产参与的影响。比较第（1）列和第（3）
列，金融知识导致的内生性问题对其他自变量的显著性影响较
小，这和对金融知识的影响类似，存在不同程度的高估或者低估
自变量对风险资产参与的影响程度。IVprobit 回归结果显示，正
向影响家庭风险资产参与的连续型自变量有：户主的金融知识水
平、教育年限、家庭财富、家庭收入、所在省的人均 GDP；负
向影响家庭风险资产参与的连续型自变量有：户主风险偏好、家
庭成员数。此外，有利于家庭风险资产参与的家庭特征为：户主
拥有医保和大病医疗统筹、女性户主、租房而非拥有住房、城市
家庭。不利于家庭风险资产参与的家庭特征为：户主没有医保和
大病医疗统筹、男性户主、拥有住房而非租房、农村家庭。未发
现户主主观健康风险和婚姻状况影响家庭风险资产参与。

表 4.3　　　　　　　　　　　计量回归结果表

	（1）	（2）	（3）	（4）
模型	proibt	tobit	IVprobit	IVtobit
因变量	risky_par	risky_deep	risky_par	risky_deep
年龄	0.0854 ***	0.0598 ***	0.0806 ***	0.0568 ***
	（0.0089）	（0.0061）	（0.0097）	（0.0065）
年龄平方	− 0.0008 ***	− 0.0005 ***	− 0.0007 ***	− 0.0005 ***
	（0.0001）	（0.0001）	（0.0001）	（0.0001）

续表

模型	(1) proibt	(2) tobit	(3) IVprobit	(4) IVtobit
因变量	risky_par	risky_deep	risky_par	risky_deep
户主教育年限	0.0711 *** (0.0054)	0.0498 *** (0.0037)	0.0348 ** (0.0137)	0.0277 *** (0.0090)
户主主观健康风险	0.0187 (0.0559)	0.0021 (0.0395)	-0.0405 (0.0644)	-0.0336 (0.0427)
户主风险偏好	-0.1853 *** (0.0137)	-0.1331 *** (0.0092)	-0.0835 ** (0.0381)	-0.0714 *** (0.0249)
有医保	0.2497 *** (0.0861)	0.1772 *** (0.0592)	0.2237 ** (0.0924)	0.1621 *** (0.0622)
有大病医疗统筹	0.2528 *** (0.0388)	0.1681 *** (0.0258)	0.1378 ** (0.0604)	0.0985 ** (0.0395)
金融知识	0.5540 *** (0.0707)	0.3469 *** (0.0469)	6.1652 *** (1.9069)	3.7301 *** (1.2451)
家庭净资产的对数	0.2351 *** (0.0159)	0.1561 *** (0.0106)	0.1986 *** (0.0212)	0.1338 *** (0.0143)
家庭总收入的对数	0.0962 *** (0.0201)	0.0544 *** (0.0141)	0.0601 ** (0.0235)	0.0327 ** (0.0155)
男性	-0.1316 *** (0.0373)	-0.0930 *** (00253)	-0.1212 *** (0.0424)	-0.0865 *** (0.0280)
家庭成员数	-0.0792 *** (0.0153)	-0.0592 *** (0.0107)	-0.0457 ** (0.0206)	-0.0390 *** (0.0138)
已婚	0.0697 (0.0616)	0.0419 (0.0424)	0.0549 (0.0666)	0.0332 (0.0440)
不租房	-0.2003 *** (0.0512)	-0.1414 *** (0.0348)	-0.1806 *** (0.0585)	-0.1279 *** (0.0387)
农村	-0.7787 *** (0.0776)	-0.5654 *** (0.0551)	-0.7686 *** (0.0784)	-0.5587 *** (0.0547)

续表

模型	(1) proibt	(2) tobit	(3) IVprobit	(4) IVtobit
因变量	risky_par	risky_deep	risky_par	risky_deep
户主所在省人均 GDP 取对数	0.1881 *** (0.0423)	0.1287 *** (0.0285)	0.0995 * (0.0562)	0.0750 ** (0.0370)
常数项	−9.5609 *** (0.5114)	−6.3919 *** (0.3381)	−8.6372 *** (0.6433)	−5.8232 *** (0.4393)
样本量	17378	17378	17378	17378
Wald 检验 （或 F 检验）	$\chi^2(16)=$ 1 584.20 p = 0.0000	$F(16,17\,362)=$ 125.54 P = 0.0000	$\chi^2(16)=$ 1 416.70 p = 0.0000	$\chi^2(16)=$ 1 003.80 p = 0.0000
一阶段估计 F 值			86.10 *** (0.0000)	86.10 *** (0.0000)
工具变量 t 值			5.60 *** (0.000)	5.60 *** (0.000)
内生性检验 chi – sq （p 值）			12.00 *** (0.0005)	9.70 *** (0.0018)

资料来源：根据 STATA13.0 计算得到。

注：第（1）列和第（2）列给出 probit 模型和 tobit 模型的结果，分别作为 IVprobit 模型和 IVtobit 模型的结果参照。第（3）列和第（4）列分别给出 IVprobit 模型和 IVtobit 模型的结果。

　　同等情况下，成员数越多，家庭消费越多，则"潜在风险资产"更少，风险资产参与率更低。相比于租房居住的家庭，拥有自住房家庭的风险资产参与概率较低，这是因为自有住房占据了较多的资产，在总资产一定时，金融资产较少，家庭参与风险资产的概率降低；城市家庭、人均 GDP 更高省份的家庭，其风险资产参与率更高，可能的解释是人均 GDP 高的省份，金融服务水平更高，"潜在风险资产"转化为"风险资产"的概率更高。

4.3.4　中国家庭风险资产配置影响因素的实证结果

使用 IVtobit 模型实证研究家庭风险资产配置的影响因素，计量结果如下：表 4.3 中第（4）列报告了金融知识水平的内生性检验，在 1% 的水平上显著，表明金融知识水平是模型的内生解释变量，使用母亲学历作为工具变量，采用两阶段最小二乘估计法估计，第一阶段的 F 值为 86.1，工具变量 t 值为 5.6，排除了弱工具变量问题，模型通过了 Wald 检验，表明模型中的自变量能够较好地解释因变量。普通最小二乘回归和两阶段最小二乘回归中金融知识均通过了显著性检验，但金融知识在两阶段最小二乘回归中的系数为 3.7301，明显大于普通最小二乘回归中的系数 0.3469，表明金融知识和风险资产参与之间存在互为因果关系，导致普通最小二乘回归违背了自变量外生性假定，低估了金融知识对风险资产配置的影响。比较第（2）列和第（4）列，金融知识导致的内生性问题对其他自变量的显著性影响较小，这和对金融知识的影响类似，存在不同程度的高估或者低估自变量对风险资产配置的影响程度。根据 IVtobit 回归结果显示，正向影响家庭风险资产配置的连续型自变量有：户主的金融知识水平、受教育年限、家庭财富、家庭收入、所在省的人均 GDP；负向影响家庭风险资产配置的连续型自变量有：户主风险偏好、家庭成员数。此外，有利于家庭风险资产配置的家庭特征为：户主拥有医保和大病医疗统筹、女性户主、租房而非拥有住房、城市家庭；不利于家庭风险资产配置的家庭特征为：户主没有医保和大病医疗统筹、男性户主、拥有住房而非租房、农村家庭。未发现户主主观健康风险和婚姻状况影响家庭风险资产配置。

同等情况下成员数越多，家庭消费越多，则"潜在风险资产"更少，风险资产配置率更低。相比于租房居住的家庭，拥有自住房家庭的风险资产配置率较低，这是因为自有住房占据了较多的资产，在总资产一定时，金融资产较少，家庭风险资产配置的概率降低；城市家庭、人均 GDP 更高省份的家庭其家庭风险资产配置率更高，可能的解释是人均 GDP 高的省份，金融服务水平更高，"潜在风险资产"转化为"风险资产"的比例更高。

4.3.5 稳健性检验

（1）中国家庭风险资产参与影响因素的稳健性检验。

为了检验 IVprobit 实证结果的稳健性，分别替换因变量和自变量，具体地用股票和基金替代风险资产、客观健康风险替代主观健康风险。前文的描述性统计显示，股票和基金是家庭风险资产的主要组成部分，替代风险资产能够检验实证结果的稳健性。已有文献对健康风险的度量可以分为主观健康风险和客观健康风险，在上文的 IVprobit 模型中使用了主观健康风险，因此可以使用客观健康风险表征健康风险，观察实证得到的结论是否稳健，稳健性检验回归结果见表4.4第（5）列和第（7）列。以股票和基金替代风险资产进行回归时，除去所在省人均 GDP 对风险资产参与的影响不显著外，各自变量的显著性、回归系数符号均和表4.3第（3）列相同，回归系数和第（3）列差别不大；以客观健康替代主观健康时，各自变量的显著性、回归系数符号均和第（3）列相同，回归系数大小和第（3）列差别不大。因此，第（3）列给出的 IVprobit 实证结果具有稳健性。

（2）中国家庭风险资产配置影响因素的稳健性检验。

为了检验 IVtobit 实证结果的稳健性，同样分别用股票和基金替代风险资产、客观健康风险替代主观健康风险。稳健性检验回归结果见表4.4第（6）列和第（8）列。以股票和基金替代风险资产回归时，各自变量的显著性、回归系数符号均和表4.3第（4）列相同，回归系数和第（4）列差别不大；以客观健康替代主观健康时，各自变量的显著性、回归系数符号均和第（4）列相同，回归系数大小和第（4）列差别不大。因此，第（4）列给出的 IVtobit 实证结果具有稳健性。

表 4.4　　　　　　　　稳健性检验结果表

	（5）	（6）	（7）	（8）
模型	IVprobit	IVtobit	IVprobit	IVtobit
因变量	replace_par	replace_deep	risky_par	risky_deep
年龄	0.0974 *** (0.0100)	0.0691 *** (0.0069)	0.0810 *** (0.0096)	0.0571 *** (0.0065)
年龄平方	− 0.0008 *** (0.0001)	− 0.0006 *** (0.0001)	− 0.0007 *** (0.0001)	− 0.0005 *** (0.0001)
户主受教育年限	0.0390 *** (0.0139)	0.0310 *** (0.0093)	0.0346 ** (0.0138)	0.0276 *** (0.0091)
户主主观健康风险	− 0.0630 (0.0652)	− 0.0454 (0.0442)		
户主客观健康风险			− 0.0329 (0.0566)	− 0.0115 (0.0378)
户主风险偏好	− 0.0818 ** (0.0385)	− 0.0713 *** (0.0257)	− 0.0834 ** (0.0381)	− 0.0715 *** (0.0249)
医保	0.2345 ** (0.0960)	0.1679 ** (0.0658)	0.2236 ** (0.0924)	0.1623 *** (0.0622)
大病医疗统筹	0.1525 ** (0.0607)	0.1121 *** (0.0406)	0.1384 ** (0.0603)	0.0991 ** (0.0394)
金融专业知识	6.0788 *** (1.9235)	3.7436 *** (1.2834)	6.1647 *** (1.9073)	3.7239 *** (1.2448)
家庭净资产的对数	0.1897 *** (0.0216)	0.1318 *** (0.0149)	0.1980 *** (0.0214)	0.1332 *** (0.0144)
家庭总收入的对数	0.0696 *** (0.0243)	0.0377 ** (0.0163)	0.0598 ** (0.0236)	0.0323 ** (0.0155)

续表

	（5）	（6）	（7）	（8）
模型	IVprobit	IVtobit	IVprobit	IVtobit
因变量	replace_par	replace_deep	risky_par	risky_deep
户主性别	− 0. 0988 **	− 0. 0742 **	− 0. 1214 ***	− 0. 0871 ***
	（0. 0431）	（0. 0290）	（0. 0424）	（0. 0280）
家庭成员数	− 0. 0491 **	− 0. 0391 ***	− 0. 0456 **	− 0. 0388 ***
	（0. 0210）	（0. 0144）	（0. 0207）	（0. 0138）
户主婚姻	0. 0464	0. 0286	0. 0537	0. 0323
	（0. 0679）	（0. 0458）	（0. 0666）	（0. 0440）
是否租房	− 0. 1772 ***	− 0. 1352 ***	− 0. 1797 ***	− 0. 1282 ***
	（0. 0595）	（0. 0402）	（0. 0585）	（0. 0387）
城乡	− 0. 9961 ***	− 0. 7278 ***	− 0. 7686 ***	− 0. 5579 ***
	（0. 0967）	（0. 0692）	（0. 0784）	（0. 0547）
户主所在省人均 GDP 取对数	− 0. 0809	0. 0647 *	0. 0991 *	0. 0750 **
	（0. 0569）	（0. 0382）	（0. 0561）	（0. 0369）
常数项	− 8. 9888 ***	− 6. 1796 ***	− 8. 6443 ***	− 5. 8369 ***
	（0. 6558）	（0. 4596）	（0. 6381）	（0. 4358）
样本量	17 378	17 378	17 378	17 378
Wald 检验	$\chi^2(16) =$ 1 306. 17 p = 0. 0000	$\chi^2(16) =$ 914. 97 p = 0. 0000	$\chi^2(16) =$ 1 417. 73 p = 0. 0000	$\chi^2(16) =$ 1 004. 54 p = 0. 0000
一阶段估计 F 值	86. 10 ***	86. 10 ***	85. 87 ***	85. 87 ***
	（0. 000）	（0. 000）	（0. 000）	（0. 000）
工具变量 t 值	5. 60 ***	5. 60 ***	5. 60 ***	5. 60 ***
	（0. 000）	（0. 000）	（0. 000）	（0. 000）
内生性检验 chi – sq （p 值）	11. 04 ***	8. 87 **	12. 00 ***	9. 66 ***
	（0. 0009）	（0. 0029）	（0. 0005）	（0. 0019）

资料来源：根据 STATA13. 0 计算得到。

注：第（5）列和第（7）列是 IVprobit 模型的稳健性检验结果，第（6）列和第（8）列是 IVtobit 模型的稳健性检验结果。

4.4　中国家庭风险资产选择影响因素的生命周期效应实证研究

家庭风险资产选择影响因素的生命周期效应，实质是影响因素和年龄间存在相关关系，本节将从上述该相关关系的存在性和现状两个角度展开研究。

4.4.1　家庭风险资产选择影响因素的生命周期效应存在性研究

为了测度影响因素和户主年龄之间可能存在的非线性相关关系，沿用本书3.3.2节的做法，在研究家庭风险资产选择影响因素和年龄的相关性时，将计算各年龄组的影响因素平均值和户主年龄的MIC值，这样做的原因是家庭的风险资产选择影响因素差异性较大，直接计算每个家庭的风险资产选择影响因素和年龄的关系得到的MIC值较小，无法反映整体的家庭风险资产选择影响因素和年龄之间的关系。为了确保代表性、保证实证结果的稳健性，在计算MIC值时，删除样本中同年龄家庭数小于10户的样本单元，得到户主年龄在19岁到87岁之间的各影响因素的平均值，结果见附录9。

表4.5　家庭风险资产选择影响因素和户主年龄之间的 MIC 值表

变量1	变量2	Pearson 相关系数	MIC 值
家庭收入	户主年龄	− 0.5800 ***	0.9213
家庭财富	户主年龄	− 0.2500 **	0.4196
户主风险偏好	户主年龄	0.9617 ***	1
户主受教育年限	户主年龄	− 0.8798 ***	0.9429
户主金融知识	户主年龄	− 0.9361 ***	1

资料来源：根据 R3.5.1 计算得到。

注：*** 和 ** 分别表示在 0.01、0.05 的显著性水平下统计相关。

　　根据表4.5，家庭收入、家庭财富、户主风险偏好、户主受教育年限、户主金融专业知识和户主年龄之间的 MIC 值分别为0.9213、0.4196、1、0.9429、1，表明家庭收入、家庭财富、户主风险偏好、户主受教育年限、户主金融专业知识均和户主年龄之间存在较强的相关关系，即以上5个因素均存在生命周期效应。对比各因素和年龄之间的 Pearson 相关系数，发现各因素和年龄之间的相关性均有不同程度的提高，家庭收入、家庭财富和年龄之间相关性提高最为明显。家庭收入由 Pearson 相关系数中的 -0.5800 提高到 MIC 中的 0.9213，家庭财富由 Pearson 相关系数中的 -0.2500 提高到 MIC 中的 0.4193，MIC 值和 Pearson 相关系数的显著差异是因为 MIC 分别测度出家庭收入、家庭财富和年龄之间的非线性关系，表明家庭收入、家庭财富分别和年龄之间有明显的非线性相关关系。进一步的对各影响因素和年龄之间的相关性现状研究由下文 4.4.2 节给出。

4.4.2　家庭风险资产选择影响因素的生命周期效应现状研究

（1）家庭收入的生命周期效应现状研究。

　　依据户主年龄对样本分组，计算各年龄的平均家庭收入，结果见图4.1，家庭收入呈现"倒 U 型"生命周期效应，峰值对应年龄为 27 岁，家庭收入超过 12 万元/年。进一步按照年龄分组，研究家庭收入的生命周期效应，结果见图4.2 和附录9，同样的，家庭收入呈现"倒 U 型"生命周期效应。20 岁以下年龄组开始一直到 26～30 岁年龄组，平均家庭收入呈现递增形态；从26～30 岁年龄组开始，随着年龄增加，平均家庭收入基本呈现递减形态。峰值出现在 26～30 岁年龄组，平均家庭收入为 9.967 万元/年。以上实证表明我国家庭收入存在"倒 U 型"的生命周期效应。

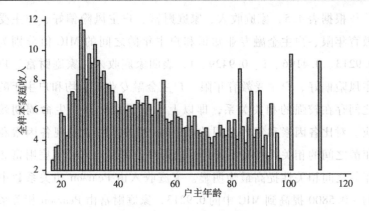

图 4.1   户主年龄与家庭收入

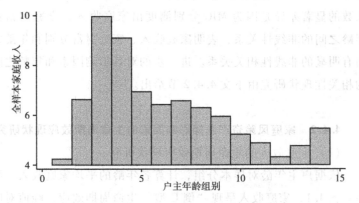

图 4.2   户主年龄组别与家庭收入

（2）家庭财富的生命周期效应现状研究。

依据户主年龄对样本分组，计算各年龄的平均家庭财富，结果见图 4.3，未发现清晰的家庭财富生命周期效应。进一步按照年龄分组，研究家庭财富的生命周期效应，结果图 4.4 和附录 9，家庭财富呈现"倒 U 型"生命周期效应。20 岁以下年龄组开始一直到 31～35 岁年龄组，平均家庭收入呈现递增形态；从 31～35 岁年龄组开始，随着年龄增加，平均家庭收入基本呈现递减形态。峰值出现在 31～35 岁年龄组，平均家庭财富超过 84 万元。以上实证表明我国家庭财富存在"倒 U 型"生命周期效应。

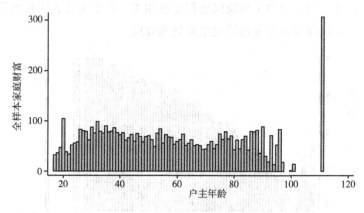

图 4.3　户主年龄与家庭财富

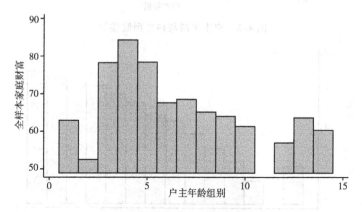

图 4.4　户主年龄组别与家庭财富

（3）风险偏好的生命周期效应现状研究。

依据户主年龄对样本分组，计算各年龄的平均户主风险偏好，结果见图 4.5，户主风险偏好大体呈现递增型生命周期效应。进一步按照年龄分组，研究户主风险偏好的生命周期效应，结果见图 4.6 和附录 9，除去 20 岁以下年龄组，户主风险偏好同样呈现递增型生命周期效应。21~25 岁年龄组开始一直到 81 岁以上年龄组，户主风险偏好呈现递增形态，即随着户主年龄增加，各组的平均户主风险厌恶程度在加深。以上实证表明我国家庭户主风险偏好存在递增型生命周期效应。

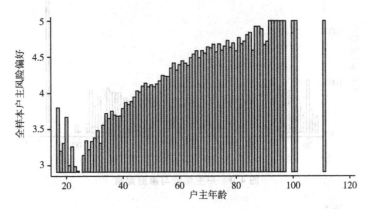

图 4.5　户主年龄与户主风险偏好

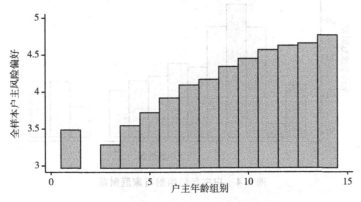

图 4.6　户主年龄组别与户主风险偏好

（4）受教育年限的生命周期效应现状研究。

依据户主年龄对样本分组，计算各年龄的平均户主受教育年限，结果见图 4.7，户主受教育年限大体呈现"倒 U 型"生命周期效应。进一步按照年龄分组，研究户主受教育年限的生命周期效应，结果见图4.8和附录9，户主受教育年限同样呈现"倒U型"生命周期效应。20岁以下年龄组开始一直到26～30岁年龄组，户主风险偏好呈现递增形态；26～30岁以上年龄组，户主风险偏好呈现递减型生命周期效应，峰值出现在26～30岁年龄组，户主平均受教育年限超过12.8年。以上实证表明，我国家庭户主受教育年限存在"倒U型"生命周期效应。

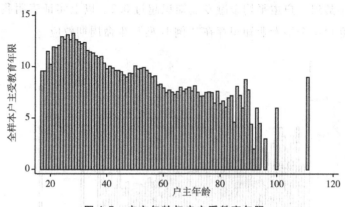

图4.7　户主年龄与户主受教育年限

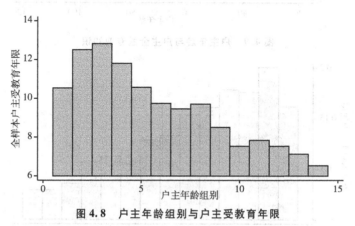

图4.8　户主年龄组别与户主受教育年限

（5）金融专业知识的生命周期现状研究。

依据户主年龄对样本分组，计算各年龄的平均户主金融专业知识，结果见图 4.9，户主金融专业知识大体呈现"倒 U 型"生命周期效应。进一步按照年龄分组，研究户主金融专业知识的生命周期效应，结果见图 4.10 和附录 9，户主金融知识同样呈现"倒 U 型"生命周期效应。20 岁以下年龄组到 21～25 岁年龄组，户主金融专业知识呈现递增形态；21～25 岁以上各年龄组，户主金融专业知识呈现递减型生命周期效应，峰值出现在 21～25 岁年龄组，户主平均金融专业知识超过 0.2。以上实证表明我国家庭户主金融专业知识存在"倒 U 型"生命周期效应。

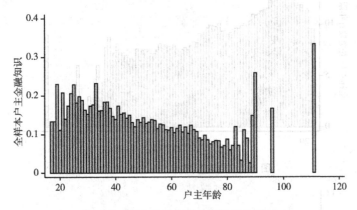

图 4.9　户主年龄与户主金融专业知识

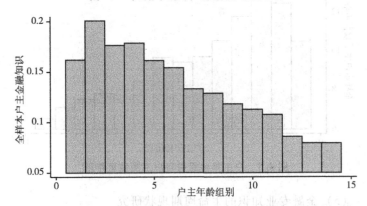

图 4.10　户主年龄组别与户主金融专业知识

4.5　中国家庭风险资产选择的生命周期效应解释

　　我国家庭风险资产选择呈现"倒 U 型"生命周期效应，原因是影响家庭风险资产选择的影响因素呈现"倒 U 型"生命周期效应，前文从理论上研究了我国家庭风险资产选择影响因素中可能存在生命周期效应的变量，本书 4.3 节从实证上验证了这些变量能够影响我国家庭风险资产选择，4.4 节从实证上验证了这些变量存在生命周期效应，这就从理论和实证上共同解释了家庭风险资产选择的生命周期效应成因。具体解释如下：

　　前文实证验证了家庭收入、家庭财富、户主风险偏好、户主受教育年限、户主金融专业知识水平是家庭风险资产选择的影响因素，影响方向如下：家庭收入、家庭财富、户主受教育年限、户主金融知识水平正向影响家庭风险资产选择，户主风险偏好负向影响家庭风险资产选择。本书 4.4 节实证验证了家庭收入、家庭财富、户主风险偏好、户主受教育年限、户主金融专业知识水平存在生命周期效应，生命周期效应如下：家庭收入、家庭财富、户主受教育年限、户主金融专业知识水平存在"倒 U 型"生命周期效应，户主风险偏好存在递增型生命周期效应。因此在这些存在生命周期效应的因素共同作用下，家庭风险资产选择最终呈现"倒 U 型"生命周期效应。

4.6　生命周期效应的城乡差异解释

4.6.1　家庭收入的城乡差异

　　根据图 4.11，城市家庭收入呈现"倒 U 型"生命周期效应，峰值出现在 26～30 岁年龄组；根据图 4.12，农村家庭收入同样存在"倒 U 型"生命周期效应，峰值出现在 46～50 岁年龄组，但 26～30 岁年龄组的家庭收入较高。在各个年龄组别中，城市家庭收入均明显高于农村家庭。根据表 4.6，城市家庭收入在不同年龄组别之间的变异系数是 0.2371，农村家庭收入在不同年龄组别之间的变异系数是 0.2844，农村不同年龄组别的家庭收入波动性比城市家庭大。

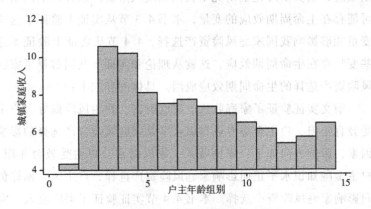

图 4.11　城镇户主年龄组别与家庭收入

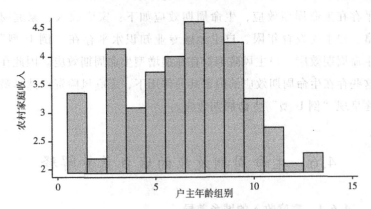

图 4.12　农村户主年龄组别与家庭收入

表 4.6　　城乡各影响因素分组平均值的变异系数表

	家庭收入	家庭财富	户主风险偏好	户主金融知识	户主受教育年限
城市	0.24	0.14	0.15	0.24	0.17
农村	0.28	0.37	0.09	0.49	0.26

资料来源：根据 STATA13.0 计算得到。

4.6.2　家庭财富的城乡差异

根据图 4.13，城市家庭财富呈现"倒 U 型"生命周期效应，峰值出现在 31 ~ 35 岁年龄组。根据图 4.14，农村家庭财富呈现出"倒 U 型"生命周期效应，峰值出现在 26 ~ 30 岁年龄组，各年龄组的城市家庭平均财富水平明显高于农村家庭。根据表 4.6，城市家庭财富在不同年龄组别之间的变异系数是 0.1421，农村家庭财富在不同年龄组别之间的变异系数是 0.3673，农村不同年龄组别的家庭财富波动性明显比城市家庭大。

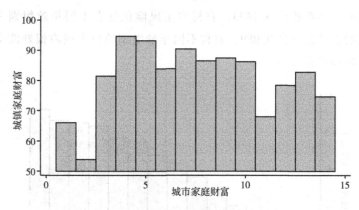

图 4.13　城市户主年龄组别与家庭财富

4.6.3　风险偏好的城乡差异

根据图 4.15 和图 4.16，除去 20 岁以下年龄组，城市家庭和农村家庭户主的风险偏好均呈现出递增趋势，即随着户主年龄的

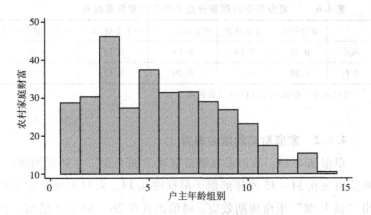

图 4.14　农村户主年龄组别与家庭财富

增加，城市家庭和农村家庭户主的风险厌恶程度均在增加，且对
比各年龄组的平均风险偏好发现，城市家庭的风险厌恶程度要大
于农村家庭。根据表 4.6，城市户主风险偏好在不同年龄组别之
间的变异系数是 0.1493，农村户主风险偏好在不同年龄组别之
间的变异系数是 0.089，农村不同年龄组别的户主风险偏好波动
性比城市家庭小。

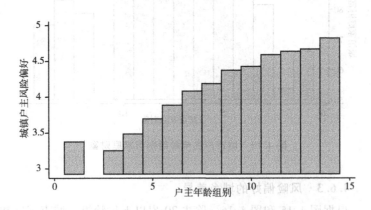

图 4.15　城市户主年龄组别与户主风险偏好

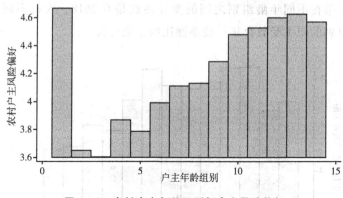

图 4.16　农村户主年龄组别与户主风险偏好

4.6.4　受教育水平的城乡差异

根据图 4.17，城市家庭户主受教育年限呈现"倒 U 型"生命周期现象，峰值出现在 26～30 岁年龄组。根据图 4.18，农村家庭户主受教育年限同样呈现"倒 U 型"生命周期现象，峰值出现在 26～35 岁年龄组，从 61 岁以上各年龄组开始明显下降。城市家庭各年龄组的户主平均受教育水平均明显高于对应年龄组别的农村家庭户主平均受教育水平。根据表 4.6，城市户主受教育年限在不同年龄组别之间的变异系数是 0.173，农村户主受教

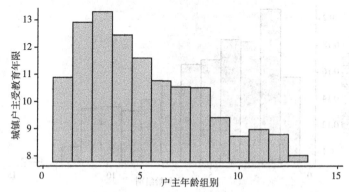

图 4.17　城市户主年龄组别与户主受教育年限

育年限在不同年龄组别之间的变异系数是 0. 2618，农村不同年龄组别的户主受教育年限波动性比城市家庭大。

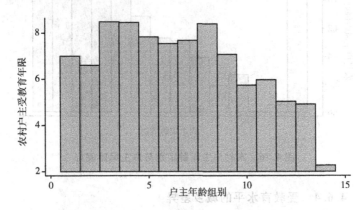

图 4.18　农村户主年龄组别与户主受教育年限

4. 6. 5　金融知识的城乡差异

根据图 4. 19，除去 20 岁以下年龄组，城市家庭户主和农村家庭户主的金融知识水平呈现"倒 U 型"生命周效应，各年龄组的城市家庭平均金融知识水平明显高于农村家庭。根据表 4. 6，城市户主金融知识水平在不同年龄组别之间的变异系数是 0. 236，农村

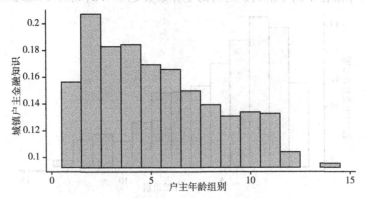

图 4.19　城市户主年龄组别与户主金融知识

户主金融知识水平在不同年龄组别之间的变异系数是 0.4915，农村不同年龄组别的户主金融知识水平波动性明显比城市家庭大。

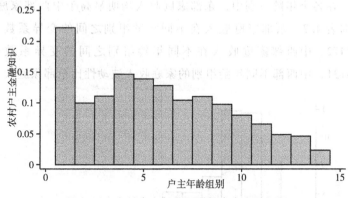

图 4.20　农村户主年龄组别与户主金融知识

4.6.6　小结

本书从 4.6.1 节到 4.6.5 节，分别研究了家庭收入、家庭财富、户主风险偏好、户主金融专业知识和户主受教育水平的生命周期效应在城乡间的差异，得出以下结论：

（1）家庭收入、家庭财富、户主金融专业知识、受教育年限在不同年龄组的均值城乡差异，导致了家庭风险资产选择生命周期效应的城乡纵向差异。

（2）农村家庭的家庭收入、家庭财富、户主金融专业知识、受教育年限的变异系数均大于城市家庭，是造成农村家庭风险资产选择波动性比城市家庭大的原因。

4.7　生命周期效应的东中西部差异解释

4.7.1　家庭收入

根据图 4.21，东部家庭收入呈现"倒 U 型"生命周期效应，峰值出现在 31～35 岁年龄组；根据图 4.22，中西部家庭收入同样存在"倒 U 型"生命周期效应，峰值出现在 26～30 岁年龄组。在各个年龄组别中，东部家庭收入均明显高于中西部家庭。根据表 4.7，东部家庭收入在不同年龄组别之间的变异系数是 0.2472，中西部家庭收入在不同年龄组别之间的变异系数是 0.3131，中西部不同年龄组别的家庭收入波动性比东部家庭大。

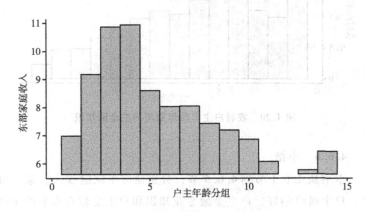

图 4.21　东部户主年龄组别与家庭收入

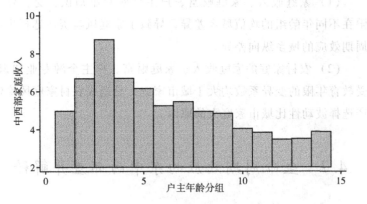

图 4.22　中西部户主年龄组别与家庭收入

表 4.7　东部和中西部各影响因素分组平均值的变异系数表

	家庭收入	家庭财富	户主风险偏好	户主金融知识	户主受教育年限
东部	0.2472	0.1518	0.1428	0.2843	0.2003
中西部	0.3131	0.3345	0.1383	0.3205	0.2343

资料来源：根据 STATA13.0 计算得到。

4.7.2　家庭财富

根据图 4.23，东部家庭财富呈现"倒 U 型"生命周期效应，峰值出现在 31~35 岁年龄组；根据图 4.24，中西部家庭财富同样存在"倒 U 型"生命周期效应，峰值出现在 26~30岁年龄组。在各个年龄组别中，东部家庭财富均明显高于中西部家庭。根据表 4.7，东部家庭财富在不同年龄组别之间的变异系数是 0.1518，中西部家庭财富在不同年龄组别之间的变异系数是 0.3345，中西部不同年龄组别的家庭财富波动性比东部家庭大。

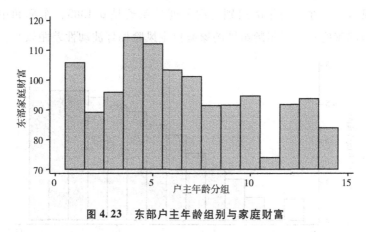

图 4.23　东部户主年龄组别与家庭财富

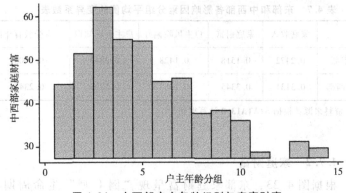

图 4.24　中西部户主年龄组别与家庭财富

4.7.3　风险偏好

根据图 4.25，东部家庭户主风险偏好基本呈现递增型生命周期效应；根据图 4.26，中西部家庭户主风险偏好同样基本呈现递增型生命周期效应。在各个年龄组别中，东部家庭户主风险偏好和中西部家庭差异较小。根据表 4.7，东部家庭户主风险偏好在不同年龄组别之间的变异系数是 0.1428，中西部家庭户主风险偏好在不同年龄组别之间的变异系数是 0.1383，东部和中西部家庭在不同年龄组别的家庭户主风险偏好波动性差距较小。

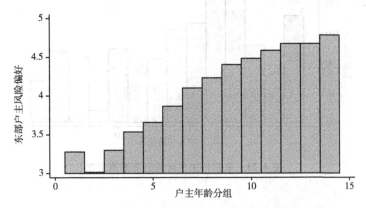

图 4.25　东部户主年龄组别与户主风险偏好

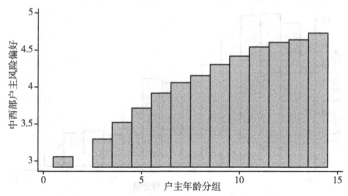

图 4.26　中西部户主年龄组别与户主风险偏好

4.7.4　受教育年限

根据图 4.27，东部家庭户主受教育年限基本呈现"倒 U 型"生命周期效应；根据图 4.28，中西部家庭户主受教育年限同样基本呈现"倒 U 型"生命周期效应。在各个年龄组别中，东部家庭户主受教育年限和中西部家庭差异较小。根据表 4.7，东部家庭户主受教育年限在不同年龄组别之间的变异系数是 0.2，中西部家庭户主受教育年限在不同年龄组别之间的变异系数是 0.2343，东部和中西部家庭在不同年龄组别的家庭户主受教育年限波动性差距较小。

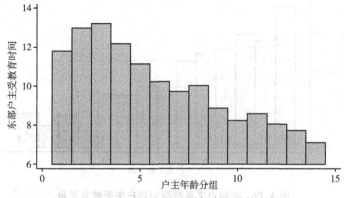

图 4.27　东部户主年龄组别与户主受教育年限

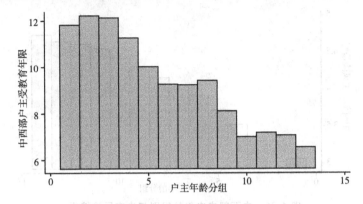

图 4.28 中西部户主年龄组别与户主受教育年限

4.7.5 金融专业知识水平

根据图 4.29，东部家庭户主金融专业知识水平基本呈现递减型生命周期效应；根据图 4.30，中西部家庭户主金融专业知识水平呈现"倒 U 型"生命周期效应。在各个年龄组别中，东部家庭户主金融专业知识水平和中西部家庭差异较小。根据表 4.7，东部家庭户主金融专业知识水平在不同年龄组别之间的变异系数是 0.2843，中西部家庭户主金融专业知识水平在不同年

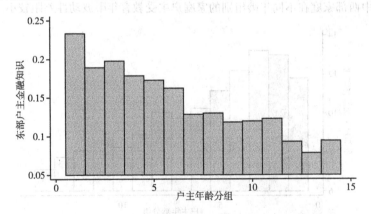

图 4.29 东部户主年龄组别与户主受教育年限

龄组组别之间的变异系数是 0.3205，东部和中西部家庭在不同年龄组别的家庭户主金融专业知识水平波动性差距较小。

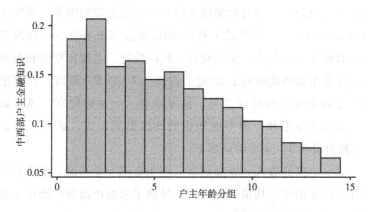

图 4.30　中西部户主年龄组别与户主受教育年限

4.7.6　小结

本节分别研究了家庭收入、家庭财富、户主风险偏好、户主金融知识和户主受教育年限的生命周期效应在东中西部家庭间的差异，得出以下结论：

（1）在东部和中西部，家庭收入和家庭财富在不同年龄组的均值差异，导致了家庭风险资产选择生命周期效应的东部和中西部纵向差异。

（2）中西部家庭的家庭收入和家庭财富的变异系数均明显大于东部家庭，是造成中西部家庭风险资产选择波动性比东部家庭大的原因。

4.8　本章小结

本章从实证角度研究家庭风险资产选择的生命周期效应，基于构建的风险资产选择机制，借助 IVprobit 模型和 IVtobit 模型验证了家庭收入、家庭财富、风险偏好、受教育年限和金融专业知识是家庭风险资产参与和家庭风险资产配置的影响因素，证实了假设 1.1~1.5。在此基础上利用 MIC 方法和图示法相结合的方法，验证了家庭收入、家庭财富、风险偏好、受教育年限和金融知识存在生命周期效应，证实了假设 2.1~2.5。最后，针对家庭生命周期效应的地区差异，从家庭收入、家庭财富、风险偏好、受教育年限和金融专业知识的地区差异出发，证实了假设 3.1 和假设 3.3。主要结论如下：

第一，家庭收入、家庭财富、户主金融专业知识、受教育年限在不同年龄组的均值城乡差异，导致了家庭风险资产选择生命周期效应的城乡纵向差异。

第二，农村家庭的家庭收入、家庭财富、户主金融专业知识、受教育年限的变异系数均大于城市家庭，是造成农村家庭风险资产选择波动性比城市家庭大的原因。

第三，东部和中西部家庭收入和家庭财富在不同年龄组的均值差异，导致了家庭风险资产选择生命周期效应的东部和中西部纵向差异。

第四，中西部家庭的家庭收入和家庭财富的变异系数均明显大于东部家庭，造成中西部家庭风险资产选择波动性比东部家庭大。

第5章 工作稳定性的生命周期效应及其对中国家庭风险资产选择的影响研究

5.1 假设的提出

5.1.1 收入风险影响家庭风险资产选择

按照预防性储蓄理论，收入风险影响家庭风险资产选择。国内外学者在研究收入风险对家庭风险资产选择的影响时，多从劳动收入稳定性角度出发。国外研究发现，较高的持久性收入风险以及劳动收入波动率会降低家庭包括股票在内的风险资产选择（Angerer 和 Lam，2009；Palia 等，2014）。国内研究对劳动收入风险的测度方式尚未形成统一标准，常见的以劳动收入波动率和预期收入增长率代表收入风险，多数研究发现收入风险影响家庭风险资产选择。例如：罗楚亮（2012）使用1995年和2002年的城镇住户调查数据，利用被调查者近5年的收入情况构建收入增长率和收入波动率，发现高财富家庭的预防动机更强。宋炜和蔡明超（2016）分别使用居民所在行业的历史平均工资表征劳动收入的波动率、受访者对未来3~5年的经济形势判断代表预期收入增长率，实证发现我国城镇家庭的劳动收入波动率负向影响家庭风险资产选择，预期收入增长率则正向影响家庭风险资产选

择。张兵和吴鹏飞（2016）使用家庭非农劳动力比重、自有住
房数量和有无未满16周岁成员分别对应收入、住房和教育方面
以表征家庭的收入不确定性，最终实证发现：劳动收入不确定性
越大，则投资品种越少、持有存款类金融资产更多。何兴强等
（2009）也实证发现收入风险负向影响家庭风险资产选择。也有
部分文献未发现收入风险对家庭风险资产选择的负向影响。
（Guiso等，1992；Arrondel和Mansson，2002）

5.1.2　工作稳定性负向影响收入风险

现有研究多从收入波动性、未来收入增长率等方面衡量收入
风险，但工作稳定性同样是家庭收入风险的来源之一。按照第2
章提出的家庭风险资产选择机制，当户主的工作稳定性越差时，
家庭因高收入风险导致高预防动机，由于预防动机需求优先于投
机动机需求，最终导致实际的风险资产减少；当家庭的预防动机
过高时，家庭的潜在风险资产可能为0，此时家庭将不持有风险
资产。

国内对工作稳定性对家庭风险资产选择的研究较少，但已有
国外文献支持上述论点。Basten（2016）利用挪威的9年家庭经
济调查数据，发现在失业前的几年里，人们会增加储蓄，转向更
安全的资产。Yongsung Chang等（2018）利用1998~2007年美
国家庭金融数据库（SCF），发现青年人的职业转换概率高、劳
动收入不稳定，导致青年人的风险资产配置率低于中年人。据
此，本书提出以下假设：

假设4.1：户主工作稳定性越高，越有利于家庭增加风险资
产选择。

5.1.3　工作稳定性存在递增型生命周期效应

职业稳定性和劳动者年龄有关，刚开始参加工作不久的青年

人在工作经验和工作能力上较差，不论是从主观还是客观角度，他们的工作稳定性低、离职率高，工作稳定性差于中年人（Yongsung Chang 等，2018），据此提出以下假设：

假设 4.2：工作稳定性存在递增型生命周期效应。

5.1.4 失业保险有利于家庭风险资产选择

根据本书提出的家庭风险资产选择机制，失业保险有利于降低预防动机，增加家庭风险资产选择，有国外文献支持这一观点。Basten（2016）发现，部分家庭可以预见并为即将到来的失业做好准备，私人储蓄在某种程度上可以替代社会提供的失业保险。宋炜和蔡明超（2016）的研究发现，拥有失业保险的家庭，其风险资产参与率和配置率更高。据此，本书提出以下假设：

假设 4.3：拥有失业保险有利于家庭增加风险资产选择。

5.2 研究设计

5.2.1 变量选择

（1）被解释变量包括有：

第一，风险资产参与。解释同 4.2.3。

第二，风险资产配置。解释同 4.2.3。

（2）解释变量有：

第一，工作稳定性。国外文献利用调查数据中的个人职业记录评估失业风险，我国现有的官方调查和学术调查较少涉及个人的职业稳定性，CHFS2013 询问了户主在当前工作单位的工作年限，在当前工作单位的时间越长，一方面表明用人单位认可户主的工作能力，另一方面体现户主认可当前的工作，因此当前工作单位年限能够合理表征户主的工作稳定性。

第二，失业保险。以户主是否购买失业保险为依据。

（3）各控制变量的测度同4.2.3。

5.2.2 变量符号、名称及解释

本章使用的解释变量符号、变量名称及对应的变量解释如表5.1所示。

表5.1 变量符号、名称及解释表

变量符号	变量名称	变量解释
workyear	工作年限	定量变量，值越大表示当前工作越稳定
unemp	失业保险	分类变量，1表示购买了失业保险，0表示没有
work	工作性质	分类变量，1表示工作单位是非私营企业，0表示私营企业

资料来源：根据作者整理得到。

5.2.3 数据预处理

本章使用2013年CHFS调查数据，在全样本基础上保留户主有工作且年龄小于60岁的家庭，得到4 950个样本观测值。考虑异常值对估计结果的可能影响，对当前工作年限、家庭净资产、家庭总收入、家庭成员数、风险资产配置率和股票配置率等连续变量进行5%和95%的Winsorize缩尾处理。

5.2.4 模型设定

沿用第4章的做法，使用probit模型构建工作稳定性影响风险资产参与模型；使用tobit模型构建工作稳定性影响风险资产配置模型，具体模型设定如下：

（1）工作稳定性影响风险资产参与模型。

$$risky\_par^* = \eta_1 workyear_i + \eta_2 unemp_i + \eta_3 lnincome_i$$
$$+ \eta_4 lnwealth_i + \eta_5 pre_i + \eta_6 edu_i + \eta_7 kno_i$$

$$+ \eta_8 contral_i + \delta_i \qquad (5.1)$$

$$risky\_par = I(risky\_par^* > 0) \qquad (5.2)$$

模型的随机扰动项服从正态分布，即 $\delta \sim N(0,\sigma^2)$。被解释变量和解释变量符号意义见表 4.1，控制变量（$contral$）同 (4.5) 式。$risky\_par^*$ 为潜变量，$risky\_par$ 表示风险资产参与，I 表示示性函数，当 $risky\_par^* > 0$ 时，I 为 1，表示家庭持有风险资产，否则为 0 表示没有持有风险资产。

（2）工作稳定性影响风险资产配置模型。

$$risky\_deep_i^* = \beta_0 + \beta_1 workyear + \beta_2 unemp + \beta_3 \ln income_i$$
$$+ \beta_4 \ln wealth_i + \beta_5 pre_i + \beta_6 edu_i$$
$$+ \beta_7 kno_i + \beta_8 control_i + \varepsilon_i \qquad (5.3)$$

$$risky\_deep_i = \max(0, risky\_deep_i^*) \qquad (5.4)$$

模型的随机扰动项服从正态分布，即 $\varepsilon \sim N(0,\sigma^2)$。$risky\_deep_i^*$ 为潜变量，$risky\_deep_i$ 表示风险资产配置率。

5.3　工作稳定性影响家庭风险资产选择的实证研究

5.3.1　描述性统计

（1）因变量描述性统计。

第一，离散型因变量描述性统计。

户主有工作的家庭比全样本家庭有更高的风险资产参与率，达到 14.87%。13.82% 的家庭持有股票或基金，占持有风险资产家庭的 92.94% 以上，从风险资产参与率角度，股票和基金是户主有工作家庭的主要风险资产项目。

第二，连续型因变量描述性统计。

户主有工作的家庭的平均风险资产配置率比全样本家庭高，

达到 6.4%，平均股票和基金配置率为 5.92%，占平均风险资产配置率 92.5%，从风险资产参与程度角度，股票和基金同样是户主有工作的家庭的主要风险资产项目。受限于低风险资产参与率，户主有工作的家庭的风险资产配置率和股票基金配置率的中位数均为 0。家庭之间的风险资产配置率差异性较大，风险资产配置率、股票基金配置率的变异系数均接近 3 或达到 3 以上。

表 5.2　　　　　　　　变量描述性统计表

var	n	p50	mean	sd	cv	min	max
risky_deep	4 950	0	0.06	0.19	2.97	0	0.96
replace_deep	4 950	0	0.06	0.18	3.10	0	0.96
workyear	4 950	8	11.49	10.53	0.92	0.1	40
age	4 950	43	42.25	9.58	0.23	17	60
edu	4 950	12	11.71	3.68	0.31	0	22
pre	4 950	4	3.82	1.21	0.32	1	5
wealth	4 950	38.95	75.68	109.04	1.44	0.265	773.42
income	4 950	6.05	8.23	8.12	0.99	0.43	62.92
member	4 950	3	3.11	1.13	0.36	1	7
pGDP	4 950	4.32	5.41	2.29	0.42	2.32	10.01
knowledge	4 950	0	0.17	0.23	1.32	0	1
m_edu	4 950	0.33	0.26	0.25	0.95	0	1
risky_par	4 950		0.15				
replace_par	4 950		0.14				
work	4 950		0.77				
unemp	4 950		0.43				
s_health	4 950		0.93				
med	4 950		0.95				
simed	4 950		0.19				

续表

var	n	p50	mean	sd	cv	min	max
sex	4 950		0. 77				
married	4 950		0. 89				
house	4 950		0. 80				
rural	4 950		0. 15				

资料来源：根据 CHFS2013 整理得到。

注：定性变量均值表示比例，定性变量没有中位数、标准差、变异系数、最小值、最大值。

（2）自变量描述性统计。

第一，离散型自变量描述性统计。

离散型自变量的情况如下：样本中 92.51% 的户主不存在主观健康风险，95.05% 的户主参加了医疗保险，并且有 19.29% 的户主参加了大病医疗统筹，表明家庭非常关注意外的医疗支出；76.55% 的户主为男性，在户主有工作的家庭中，多数男性承担着家庭的主要收入，并且是家庭财务的决策者。88.99% 的户主处于婚姻或同居状态；14.71% 的样本家庭是农村家庭。79.56% 的家庭拥有现居住房屋，表明我国大多数家庭的资产中包括房产。

第二，连续型自变量描述性统计。

各连续型自变量的样本情况如下：家庭户主年龄的中位数和均值均在 43 岁左右；家庭户主的受教育年限的中位数和均值在 12 年附近；户主的风险偏好中位数为 4、均值为 3.82，表明大多数家庭的户主是风险厌恶者；家庭成员数的中位数和均值均在 3 上下，表明大多数家庭有 3 位家庭成员。家庭财富的中位数为 38.95 万元，均值达到 75.68 万元，家庭财富差异明显，变异系数达到 1.44；家庭收入的中位数为 6.05 万元，均值达到 8.23 万元，家庭收入差异明显，变异系数为 0.99。家庭所在省份的

GDP，最大值为 10.01 万元，最小值为 2.32 万元，所在省份的经济发展水平差异较大。金融专业知识的差异系数为 1.32，表明户主之间的金融专业知识水平参差不齐。当前工作年限的中位数 8 年，平均约为 11.5 年，42.61% 的户主购买了失业保险，77.35% 的户主工作单位稳定。

（3）描述性统计小结。

总体上，户主有工作的家庭平均风险资产参与率较低，且差异性较大，不同家庭的自变量差异性同样较大，变异系数大于 1 的自变量有：家庭财富、家庭收入和户主金融知识水平。

5.3.2　内生变量考虑

实证中将使用 probit 模型建立户主工作稳定性影响家庭风险资产参与模型，tobit 模型建立户主工作稳定性影响家庭风险资产配置模型，两个模型的自变量相同。自变量中的年龄、受教育年限、风险偏好、家庭成员、所在省份 GDP、主客观健康风险、是否参与医疗保险和大病医疗统筹、户主性别和婚姻状况、是否租房、家庭财富、是否拥有养老保险、当前工作年限、是否拥有失业保险、工作单位稳定性均不会受是否参与或者配置风险资产的影响。家庭收入变量指前一年的家庭收入总和，同样不会受风险资产选择影响，但是金融专业知识可能受到风险资产选择影响，持有风险资产的户主可能会增加自己的金融专业知识水平，这可能导致所建立的计量模型存在因反向因果导致的内生性问题，金融专业知识水平的内生性检验 P 值为 0.3947，接受原假设，即未发现金融专业知识水平是模型的内生变量，因此，本书直接建立 probit 模型。

5.3.3　工作稳定性对家庭风险资产参与影响的实证结果及解释

使用 probit 模型研究户主工作年限对家庭风险资产参与的影

响，计量结果如下：

（1）户主当前工作年限越长，家庭风险资产参与概率越大；户主拥有失业保险可以增加家庭风险资产参与率的概率。

（2）正向影响家庭风险资产参与的连续型自变量有：户主的金融专业知识水平、教育年限、家庭财富、家庭收入；负向影响家庭风险资产参与的连续型自变量有：户主风险偏好、家庭成员数。

（3）有利于家庭风险资产参与的家庭特征为：女性户主、拥有大病医保、租房而非拥有住房、城市家庭；不利于家庭风险资产参与的家庭特征为：男性户主、没有大病医保、拥有住房而非租房、农村家庭。同等情况下家庭成员数越多，家庭消费越多，则金融资产越少，风险资产参与率更低。相比于租房居住的家庭，拥有自住房家庭的风险资产参与概率较低，这是因为自有住房占据了较多的资产，在总资产一定时，金融资产较少，家庭参与风险资产的概率降低。

5.3.4　工作稳定性对家庭风险资产配置影响的实证结果及解释

使用 tobit 模型研究户主工作年限对家庭风险资产配置的影响，结果见表5.2，汇总如下：

（1）户主当前工作年限越长，家庭风险资产配置率越大；户主拥有失业保险可以增加家庭风险资产配置率。

（2）本书5.3.3节和5.3.4节的实证共同证实了假设4.1和假设4.3，表明户主的工作稳定性越高，家庭的预防动机越低，当金融资产一定、交易动机一定时，潜在风险资产越大，风险资产转化率不变时，最终实际风险资产越大。拥有失业保险可以降低家庭的预防动机，增加家庭风险资产参与率和配置率。

（3）正向影响家庭风险资产配置的连续型自变量有：户主的金融知识水平、受教育年限、家庭财富、家庭收入；负向影响家庭风险资产配置的连续型自变量有：户主风险偏好、家庭成员数。

（4）有利于家庭风险资产配置的家庭特征为：户主为女性、户主拥有大病医保、租房而非拥有住房、城市家庭；不利于家庭风险资产配置的家庭特征为：户主为男性、户主没有医保、拥有住房而非租房、农村家庭。同等情况下家庭成员数越多，家庭消费越多，则"潜在风险资产"更少，风险资产配置率更低。相比于租房居住的家庭，拥有自住房家庭的风险资产配置率较低，这是因为自有住房占据了较多的资产，在总资产一定时，金融资产较少，家庭风险资产配置的比例降低。

5.3.5 稳健性检验

（1）户主工作稳定性影响家庭风险资产参与模型的稳健性检验。

为了检验 probit 实证结果的稳健性，分别替换因变量和自变量，具体地用股票和基金替代风险资产，用当前工作单位性质替代当前工作年限。前文的描述性统计显示，股票和基金是家庭风险资产的主要组成部分，替代风险资产能够检验实证结果的稳健性。一般地，私营企业的工作稳定性差于国企、公务员等非私营企业，因此当前工作单位的性质可以表征工作稳定性，稳健性检验回归结果见表5.3的第（3）列和第（5）列。

当前工作单位性质替代当前工作年限回归结果见表5.3的第（3）列，除去性别变量以外，各自变量的显著性、回归系数符号均和表5.3的第（1）列相同，回归系数和表5.3的第（1）列差别不大；以股票和基金替代风险资产回归时结果见表5.3的第（5）列，除去性别变量以外，各自变量的显著性、回归系数符号均和第（1）列相同，回归系数和表5.3的第（1）列差别不大；因此，表5.3的第（1）列给出的 probit 实证结果具有稳健性。

（2）户主工作稳定性影响家庭风险资产配置模型的稳健性
检验。

为了检验 tobit 实证结果的稳健性，同样分别用股票和基金
替代风险资产、当前工作单位性质替代当前工作年限。稳健性检
验回归结果见表 5.3 的第（4）列和表 5.3 的第（6）列。当前
工作单位性质替代当前工作年限结果见第（4）列，各自变量的
显著性、回归系数符号均和表 5.3 的第（2）列相同，回归系数
和表 5.3 的第（2）列差别不大；以股票和基金替代风险资产回
归结果见表 5.3 的第（6）列，除去所在省人均 GDP 对风险资产
参与的影响不显著外，各自变量的显著性、回归系数符号均和表
5.3 的第（2）列相同，回归系数和表 5.3 的第（2）列差别不
大。因此，表 5.3 的第（2）列给出的 tobit 实证结果具有稳
健性。

表 5.3 计量回归结果及稳健性结果表

	（1）	（2）	（3）	（4）	（5）	（6）
模型	proibt	tobit	proibt	tobit	proibt	tobit
因变量	risky_par	risky_deep	risky_par	risky_deep	replace_par	replace_deep
年龄	0.1400 ***	0.0918 ***	0.1415 ***	0.0928 ***	0.1727 ***	0.1155 ***
	(0.0263)	(0.0156)	(0.0262)	(0.0157)	(0.0268)	(0.0170)
年龄平方	- 0.0015 ***	- 0.0010 ***	- 0.0015 ***	- 0.0010 ***	- 0.0018 ***	- 0.0012 ***
	(0.0003)	(0.0002)	(0.0003)	(0.0002)	(0.0003)	(0.0002)
工作年限	0.0058 **	0.0030 *	0.0058 **	0.0031 *		
	(0.0029)	(0.0017)	(0.0029)	(0.0017)		
工作性质					0.1798 **	0.1357 **
					(0.0906)	(0.0590)
失业保险	0.2741 ***	0.1623 ***	0.2734 ***	0.1625 ***	0.3143 ***	0.1842 ***
	(0.0566)	(0.0348)	(0.0566)	(0.0348)	(0.0585)	(0.0366)

续表

模型	(1) proibt	(2) tobit	(3) proibt	(4) tobit	(5) proibt	(6) tobit
因变量	risky_par	risky_deep	risky_par	risky_deep	replace_par	replace_deep
户主教育年限	0.0549 *** (0.0093)	0.0359 *** (0.0059)	0.0555 *** (0.0093)	0.0359 *** (0.0059)	0.0540 *** (0.0096)	0.0359 *** (0.0063)
户主主观 健康风险	0.0024 (0.1202)	-0.0610 (0.0701)			-0.0443 (0.1211)	-0.0909 (0.0722)
户主客观 健康风险			-0.1041 (0.0859)	-0.0514 (0.0536)		
户主风险偏好	-0.1817 *** (0.0212)	-0.1190 *** (0.0131)	-0.1816 *** (0.0212)	-0.1187 *** (0.0131)	-0.1711 *** (0.0219)	-0.1139 *** (0.0137)
有医保	0.1662 (0.1411)	0.1194 (0.0913)	0.1624 (0.1413)	0.1169 (0.0913)	0.1671 (0.1465)	0.1115 (0.0985)
有大病 医疗统筹	0.2149 *** (0.0566)	0.1290 *** (0.0342)	0.2128 *** (0.0567)	0.1275 *** (0.0342)	0.1983 *** (0.0576)	0.1265 *** (0.0355)
金融专业知识	0.3248 *** (0.1039)	0.1685 *** (0.0631)	0.3275 *** (0.1039)	0.1686 *** (0.0632)	0.3583 *** (0.1053)	0.1946 *** (0.0659)
家庭净资产的 对数	0.2184 *** (0.0274)	0.1379 *** (0.0170)	0.2184 *** (0.0275)	0.1373 *** (0.0170)	0.2173 *** (0.0286)	0.1399 *** (0.0179)
家庭总收入的 对数	0.1315 *** (0.0397)	0.0665 *** (0.0246)	0.1346 *** (0.0399)	0.0671 *** (0.0246)	0.1148 *** (0.0412)	0.0559 ** (0.0256)
男性	-0.0986 * (0.0587)	-0.0738 ** (0.0346)	-0.0936 (0.0586)	-0.0722 ** (0.0347)	-0.0670 (0.0596)	-0.0612 * (0.0364)
家庭成员数	-0.0791 ** (0.0315)	-0.0561 *** (0.0204)	-0.0809 ** (0.0315)	-0.0563 *** (0.0204)	-0.0643 ** (0.0325)	-0.0486 ** (0.0214)
已婚	0.0253 (0.1060)	-0.0009 (0.0610)	0.0263 (0.1058)	-0.0014 (0.0611)	0.0183 (0.1082)	-0.0073 (0.0646)
不租房	-0.1924 ** (0.0759)	-0.1229 *** (0.0457)	-0.1924 ** (0.0760)	-0.1229 *** (0.0457)	-0.1990 * (0.0785)	-0.1388 *** (0.0480)

续表

模型	(1) proibt	(2) tobit	(3) proibt	(4) tobit	(5) proibt	(6) tobit
因变量	risky_par	risky_deep	risky_par	risky_deep	replace_par	replace_deep
农村	-0.8931 ***	-0.5891 ***	-0.8972 ***	-0.5895 ***	-1.0619 ***	-0.6969 ***
	(0.1725)	(0.1118)	(0.1724)	(0.1120)	(0.1944)	(0.1364)
户主所在省人均 GDP 取对数	0.0897	0.0435	0.0918	0.0445	0.0492	0.0224
	(0.0648)	(0.0386)	(0.0648)	(0.0386)	(0.0664)	(0.0401)
常数项	-9.4933 ***	-5.6534 ***	-9.4874 ***	-5.6965 ***	-9.8876 ***	-6.0647 ***
	(0.9095)	(0.5650)	(0.9049)	(0.5631)	(0.9266)	(0.6085)
样本量	4 950	4 950	4 950	4 950	4 950	4 950
Wald 检验	$\chi^2(18) =$ 654.53 P = 0.0000		$\chi^2(18) =$ 655.3 P = 0.0000		$\chi^2(18) =$ 627.23 P = 0.0000	
LR 检验		$\chi^2(18) =$ 924.08 P = 0.0000		$\chi^2(18) =$ 924.25 P = 0.0000		$\chi^2(18) =$ 886.66 P = 0.0000

资料来源：根据 STATA13.0 计算得到。

注：表（1）列为风险资产参与模型结果，表（3）列、表（5）列是对风险资产参与模型的稳健性检验结果；表（2）列为风险资产配置模型结果，表（4）列、表（6）列是对风险资产配置模型的稳健性检验结果。

5.4　工作稳定性的生命周期效应研究

依据户主年龄对样本分组，计算各年龄的平均工作稳定性，结果见图 5.1，总体上看，平均户主工作稳定性和户主年龄正相关，进一步按照年龄段分组后，平均户主工作稳定性和户主年龄同样正相关。根据图 5.2 和表 5.4，31 岁以下各年龄组的平均工作稳定性较差，从 31～35 岁年龄组开始，随着年龄增加，户主的工作稳定性有明显提高。

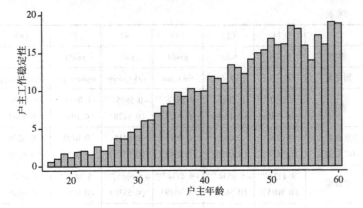

图 5.1 户主年龄与户主工作稳定性

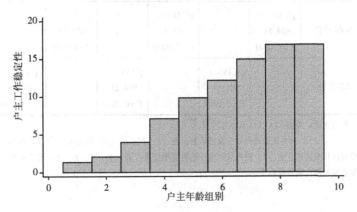

图 5.2 户主年龄组别与户主工作稳定性

表 5.4 工作稳定性在各年龄组的均值表

年龄组别	工作稳定性（年）	年龄组别	工作稳定性（年）
[17，20]	1.3435	[41，45]	12.1531
[21，25]	2.068	[46，50]	14.9476
[26，30]	3.966	[51，55]	16.8943
[31，35]	7.0971	[56，60]	16.9079
[36，40]	9.8599		

资料来源：根据 CHFS2013 整理得到。

5.5　私营企业就业人员家庭的风险资产选择

5.5.1　私营企业就业人员比重和工资

根据国家统计年鉴，从 2009 年到 2017 年，私营企业就业人员总数和其占总就业人数比重逐年提高，截至 2017 年，已有超过 1/4 的就业人员单位是私营企业，但与此同时，历年的城镇私营单位就业人员平均工资均明显低于城镇单位就业人员平均工资，详见表 5.5。

表 5.5　　　　　　　　　私营企业就业和收入情况表

年份	私营企业就业人员（亿）	总就业人数（亿）	私营企业就业人员占比	城镇私营单位就业人员平均工资（万元）	城镇单位就业人员平均工资（万元）
2009	0.86	7.58	11.35%	1.82	3.22
2010	0.94	7.61	12.35%	2.08	3.65
2011	1.04	7.64	13.61%	2.46	4.18
2012	1.13	7.67	14.73%	2.88	4.68
2013	1.25	7.70	16.23%	3.27	5.15
2014	1.44	7.73	18.63%	3.64	5.64
2015	1.64	7.75	21.16%	3.96	6.2
2016	1.8	7.76	23.2%	4.28	6.76
2017	1.99	7.76	25.64%	4.58	7.43

资料来源：《中国统计年鉴》。

5.5.2　户主就业单位性质与家庭风险资产选择

根据 CHFS2013，户主有工作的家庭平均风险资产参与率为

14.87%，平均风险资产配置率为 6.40%，详见表 5.6。户主工作单位是非私营企业的家庭，明显比户主工作单位是私营企业的家庭有更高的风险资产参与率和配置率。基于家庭风险资产选择机制可以解释这一现象：户主单位性质为私营企业的家庭收入低、工作稳定性差，分别导致了低金融资产总量和高预防动机，在其他条件相同时，户主单位性质为私营企业的家庭风险资产选择更低。

表 5.6   户主工作单位性质与家庭风险资产选择表

户主工作单位性质	平均家庭风险资产参与率	平均家庭风险资产配置率
不区分户主工作单位性质	14.87%	6.40%
户主工作单位为私营企业	4.37%	1.45%
户主工作单位为非私营企业	17.94%	7.86%

资料来源：根据 CHFS2013 整理得到。

5.6   促进 30 岁以下青年家庭风险资产选择的政策研究

据测算，我国未来的 30 岁以下青年人口占比将逐年增加，增加这部分对应家庭的风险资产选择有利于提高全社会金融市场供给，这部分人口的受教育水平和金融专业知识水平较高，由低工作稳定性导致的收入风险是对应家庭低风险资产选择的主要原因，可以具体考虑以下措施：第一，提高对 30 岁以下青年人的就业保障，尽量避免由信息不对称等原因导致的低就职率；第二，加强对 30 岁以下青年人的失业保险覆盖面和力度，减少他们因离职导致的收入风险。

5.7　本章小结

本章从实证角度研究工作稳定性对家庭风险资产选择的影响，基于构建的风险资产选择机制，借助 probit 模型和 tobit 模型验证了工作稳定性是家庭风险资产参与和家庭风险资产配置的影响因素，当工作稳定性增加时，预防动机降低，增加了潜在风险资产，并最终增加实际风险资产；拥有失业保险可以降低预防动机，增加风险资产选择，证实了假设 4.1 和假设 4.3。在此基础上验证了工作稳定性存在生命周期效应，证实了假设 4.2。具体结论如下：

第一，工作稳定性越高，家庭风险资产参与概率和家庭风险资产配置率越高。

第二，工作稳定性存在递增型生命周期效应，从 31 岁开始，随着年龄增加，户主的工作稳定性明显提高。

第三，户主持有失业保险时，因降低预防动机而增加家庭风险资产参与概率和家庭风险资产配置率。

第四，私营企业就业人数占比逐年提高，私营企业工作稳定性差于非私营企业，并且收入低于平均工资水平，共同导致户主工作单位为私营企业的家庭风险资产选择低。

第6章 "自我养老"观念的生命周期效应及其对中国家庭风险资产选择的影响研究

6.1 假设的提出

6.1.1 老龄化下的风险资产选择意义

从1953年到2008年，中国的人口规模连年不断增加。自2009年之后，中国人口结构开始面临少子化和老龄化共存的问题。人口结构模型预测，我国老龄化的问题不断加深（李建伟和周灵灵，2018）。加强研判老龄化进程，并以此为基础进行政策调整有利于治理伴随我国人口老龄化的诸多问题（胡湛、希哲，2018）。首先，老龄化伴随的一个重要问题是退休人员比例和老年抚养比例不断攀升，养老资金缺口问题逐渐显现（巴曙松等，2018）。其次，老龄化还可能加剧包括城乡收入不平等在内的全社会收入不平等问题（董志强等，2012；王箫旭等，2017）。最后，人口老龄化降低了整个社会家庭的风险偏好，增加了预防动机，由此在将来影响金融市场的供需，甚至降低整个资本市场的回报率（李超和罗润东，2018；齐明珠和张成功，2019）。显然地，通过增加60岁以上老年家庭的风险资产选择以增加财产性收入，有助于解决养老资金缺口、老龄化导致的收入不平等和低金融市场供需等经济社会问题。

6.1.2 "自我养老"观念有利于家庭风险资产选择

中国的老龄化程度不断加深,养老成为国家、社会和家庭共同关注的热点问题。养老观念会影响家庭风险资产选择。当人们有养老计划,并且认为自己全部或者部分承担自己的养老费用时,家庭的投机动机会增强。按照家庭风险资产选择机制,当金融资产一定、交易动机和预防动机一定时,家庭潜在风险资产不变,而风险资产转化率提高,家庭实际风险资产配置率提高,最终正向影响家庭风险资产选择,据此,提出假设5.1:

假设5.1:"自我养老"观念有利于家庭风险资产选择。

6.1.3 "自我养老"观念存在生命周期效应

相比于老年人,中年人的身体健壮,且收入和资产水平更高,有养老计划时会因自信而更倾向于自己养老或者承担部分养老费用。当人的年龄不断增加、身体健康状况变坏、收入和资产降低时,人们的自我养老自信程度会降低,更倾向于子女或者社会养老。因此,人们的养老观念存在递减型生命周期效应。据此提出假设5.2:

假设5.2:"自我养老"观念存在递减型生命周期效应,即年龄越大的人越倾向于他人养老。

6.1.4 养老保险有利于家庭风险资产选择

有文献认为,养老保险提高了所有家庭的风险资产参与概率和配置率(吴洪等,2017;李昂和廖俊平,2016),但对于临近退休家庭,家庭风险资产参与概率对养老保险不敏感(李昂和廖俊平,2016认为)。关注自己养老并且有养老计划的户主,拥有养老保险能够降低他们的预防动机。根据家庭风险资产选择机制，当金融资产一定、交易动机一定时，家庭潜在风险资产提高，在风险资产转化率不变时，最终家庭实际风险资产配置率增加。据此提出假设 5.3：

假设 5.3：拥有养老保险有利于家庭风险资产选择。

6.2　研究设计

6.2.1　有养老计划家庭的确定

本章继续使用 2013 年的 CHFS 数据，首先需要确定目标人群，即有养老计划的户主家庭。根据图 6.1，40 岁之前户主计划养老率不断增加，40 岁之后计划养老率趋于稳定，进一步根据图 6.2，36～40 岁年龄组之前，户主计划养老率不断增加，从 36～40 岁年龄组开始，户主计划养老率趋于稳定，一直到 81 岁以上年龄组，户主计划养老率有所下降，从稳健的角度出发，可以认为 40 岁以上户主有养老计划的比例大。

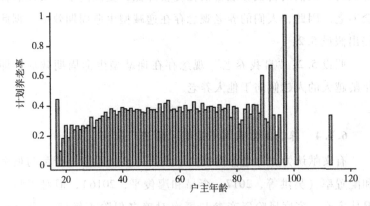

图 6.1　计划养老率与户主年龄

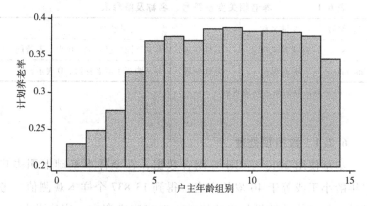

图 6.2 计划养老率与户主年龄组别

6.2.2 变量选择

（1）被解释变量包括有：

第一，风险资产参与。解释同 4.2.3。

第二，风险资产配置。解释同 4.2.3。

（2）解释变量有：

第一，"自我养老"观念。"自我养老"观念的确定由 CHFS2013 询问户主关于养老问题的答案确定，即"有子女的老人的养老主要由谁负责?"，答案选择"主要由自己养老"或"政府、子女、老人责任均摊"的视为计划自己为养老负责，选择"主要由政府负责"或"主要由子女负责"的视为计划由他人为自己养老。

第二，养老保险。以户主是否购买养老保险为依据。

（3）各控制变量测度同 4.2.3

6.2.3 变量符号、名称及解释

见表 6.1。

表 6.1　　　　养老相关变量符号、名称及解释表

变量符号	变量名称	变量解释
res	自我养老观念	定性变量，1 表示赞同自己养老，0 表示不赞同
insurance	养老保险	定性变量，1 表示购买了养老保险，0 表示没有

资料来源：根据作者整理得到。

6.2.4　数据预处理

本章使用 2013 年 CHFS 调查数据，在全样本基础上删去户主年龄小于或等于 40 岁的家庭，得到 13 837 个样本观测值。考虑异常值对估计结果的可能影响，对家庭净资产、家庭总收入、家庭成员数、风险资产配置率和股票配置率等连续变量进行 5% 和 95% 的 Winsorize 缩尾处理。

6.2.5　模型设定

沿用第 4 章的做法，使用 IVprobit 模型构建养老观念影响家庭风险资产参与模型；使用 IVtobit 模型构建养老观念影响家庭风险资产配置模型。考虑到金融知识和风险资产选择之间可能存在互为因果导致模型存在内生性，以户主母亲受教育年限作为风险资产选择的工具变量，在估计时使用两阶段最小二乘回归方法，具体模型设定如下：

（1）养老观念影响家庭风险资产参与模型：

$$risky\_par^* = \eta_1 res_i + \eta_2 insurance_i + \eta_3 lnincome_i + \eta_4 lnwealth_i$$
$$+ \eta_5 pre_i + \eta_6 edu_i + \eta_7 kno_i + \eta_8 contral_i + \delta_i$$

$$(6.1)$$

$$risky\_par = I(risky\_par^* > 0) \qquad\qquad (6.2)$$

模型的随机扰动项服从正态分布，即 $\delta \sim N(0,\sigma^2)$。被解释变量和解释变量符号意义见表 4.1，控制变量（contral）同式（4.1）。$risky\_par^*$ 为潜变量，$risky\_par$ 表示风险资产参与，I 表示示性函数。当 $risky\_par^* > 0$ 时，I 为 1 表示家庭持有风险资产，否则为 0 表示没有持有风险资产。考虑金融知识和家庭风险资产参与可能存在互为因果关系，下面以户主母亲的受教育年限作为户主金融知识的工具变量，采用两阶段最小二乘估计法进行估计，IVprobit 模型的第一阶段回归模型如下：

$$kno_i = \mu_0 + \mu_1 res + \mu_2 insurance + \mu_3 lnincome_i + \mu_4 lnwealth_i$$
$$+ \mu_5 pre_i + \mu_6 edu_i + \mu_7 IV_i$$
$$+ \mu_8 contral_i + \xi_i \tag{6.3}$$

模型的随机扰动项服从正态分布，即 $\xi \sim N(0, \sigma^2)$，IVprobit 模型的第二阶段回归如下：

$$risky\_par_i^* = \eta_0 + \eta_1 res + \eta_2 insurance + \eta_3 lnincome_i$$
$$+ \eta_4 lnwealth_i + \eta_5 pre_i + \eta_6 edu_i$$
$$+ \eta_7 \hat{kon}_i + \eta_8 contral_i + \delta_i \tag{6.4}$$

（2）"自我养老"观念影响家庭风险资产配置模型：

$$risky\_deep_i^* = \beta_0 + \beta_1 res_i + \beta_2 insurance_i + \beta_3 lnincome_i$$
$$+ \beta_4 lnwealth_i + \beta_5 pre_i + \beta_6 edu_i$$
$$+ \beta_7 kno_i + \beta_8 control_i + \varepsilon_i \tag{6.5}$$

$$risky\_deep_i = \max(0, risky\_deep_i^*) \tag{6.6}$$

模型的随机扰动项服从正态分布，即 $\varepsilon \sim N(0, \sigma^2)$。$risky\_deep_i^*$ 为潜变量，$risky\_deep_i$ 表示风险资产配置率。考虑金融知识和家庭风险资产配置可能存在互为因果关系，下面以户主母亲的受教育年限作为户主金融知识的工具变量，采用两阶段最小二乘估计法进行估计，IVtobit 模型的第一阶段回归如下：

$$kno_i = \gamma_0 + \gamma_1 res_i + \gamma_2 insurance_i + \gamma_3 lnincome_i + \gamma_4 lnwealth_i$$
$$+ \gamma_5 pre_i + \gamma_6 edu_i + \gamma_7 IV_i + \gamma_8 contral_i + \omega_i \tag{6.7}$$

模型的随机扰动项服从正态分布，即 $\omega \sim N(0, \sigma^2)$。IVtobit 模型的第二阶段回归如下：

$$risky\_deep_i^* = \beta_0 + \beta_1 res_i + \beta_2 insurance_i + \beta_3 \ln income_i$$
$$+ \beta_4 \ln wealth_i + \beta_5 pre_i + \beta_6 edu_i$$
$$+ \beta_7 \hat{kon}_i + \beta_8 contral_i + \varepsilon_i \qquad (6.8)$$

6.3 "自我养老"观念影响中国家庭风险资产选择的实证研究

本书分别统计了连续变量的中位数、均值、标准差、变异系数、最小值和最大值，以及各离散变量的均值，有效观测单位共有 13 837 个，结果见表 6.2。

6.3.1 描述性统计

（1）因变量描述性统计。

第一，离散型因变量描述性统计。

户主 40 岁以上家庭风险资产参与率比全样本家庭低，仅有7.54% 的家庭持有风险资产，7.23% 的家庭持有股票或基金，占持有风险资产家庭的 96% 以上。从风险资产参与率角度看，股票和基金是主要风险资产项目。

第二，连续型因变量描述性统计。

户主 40 岁以上家庭的平均风险资产配置率比全样本家庭低，平均风险资产配置率仅为 3.44%，平均股票和基金配置率为3.30%，占平均风险资产配置率的 95% 以上。从风险资产参与程度角度看，股票和基金同样是户主 40 岁以上家庭的主要风险资产项目。受限于低风险资产参与率，户主 40 岁以上家庭的风险资产配置率和股票基金配置率的中位数均为 0。家庭之间的风险资产配置率差异性较大，风险资产配置率、股票基金配置率的变异系数均高达 4 以上。

表 6. 2 变量描述统计表

var	n	p50	mean	sd	cv	min	max
risky_deep	13 837	0	0. 03	0. 15	4. 25	0	0. 94
replace_deep	13 837	0	0. 03	0. 14	4. 35	0	0. 94
age	13 837	57	57. 75	11. 03	0. 19	41	111
edu	13 837	9	8. 62	3. 97	0. 46	0	22
pre	13 837	5	4. 29	1. 11	0. 26	1	5
wealth	13 837	25. 95	60. 79	104	1. 71	0. 11	826. 30
income	13 837	3. 92	5. 45	6. 35	1. 16	0. 03	53
member	13 837	3	3. 33	1. 60	0. 48	1	10
pGDP	13 837	4. 28	5. 10	2. 17	0. 43	2. 32	10. 01
knowledge	13 837	0	0. 12	0. 19	1. 65	0	1
m_edu	13 837	0	0. 11	0. 19	1. 71	0	1
risky_par	13 837		0. 08				
replace_par	13 837		0. 05				
res	13 837		0. 49				
form	13 837		0. 12				
insurance	13 837		0. 83				
s_health	13 837		0. 79				
med	13 837		0. 96				
simed	13 837		0. 14				
sex	13 837		0. 76				
married	13 837		0. 88				
house	13 837		0. 91				
rural	13 837		0. 36				

资料来源：根据 CHFS2013 整理得到。

注：定性变量均值表示比例，定性变量没有中位数、标准差、变异系数、最小值、最大值。

（2）自变量描述性统计。

第一，离散型自变量描述性统计。

离散型自变量的情况如下：样本中有 79.04% 的户主不存在主观健康风险，有 96.37% 的户主参加了医疗保险，并且有 14.19% 的户主参加了大病医疗统筹，表明家庭非常关注意外的医疗支出。有 76.24% 的户主为男性，40 岁以上家庭中，多数男性承担着家庭的主要收入，并且是家庭财务的决策者。有 88% 的户主处于婚姻或同居状态。有 35.98% 的样本家庭是农村家庭。有 90.69% 的家庭拥有现居住房屋，表明我国大多数家庭的资产中包括房产。

第二，连续型自变量描述性统计。

各连续型自变量的样本情况如下：家庭户主年龄的中位数和均值均在 57 岁左右；家庭户主的受教育年限的中位数和均值分别是 9 年和 8.6 年；户主的风险偏好中位数为 5、均值约为 4.29，表明大多数家庭的户主是风险厌恶者；家庭成员数的中位数和均值均在 3 位上下，表明大多数家庭有 3 位家庭成员。家庭财富的中位数为 25.95 万元，均值达到 60.79 万元，家庭财富差异明显，变异系数达到 1.71，家庭收入的变异系数为 1.16。家庭所在省份的 GDP，最大值为 10.01 万元，最小值为 2.32 万元，所在省份的经济发展水平差异较大。金融知识的差异系数为 1.65，表明户主之间的金融知识水平参差不齐。82.92% 的户主有养老保险，49.45% 的户主认为老人应当全部或部分负责自己的养老，11.84% 的户主希望去养老院养老。

（3）描述性统计小结。

总体上，中国家庭风险资产参与率较低，且差异性较大；不同家庭的自变量差异性同样较大，变异系数大于 1 的自变量有家庭财富、家庭收入、户主金融知识水平以及户主母亲的金融知识水平。

6.3.2 内生变量考虑

实证中将使用 IVprobit 模型建立"自我养老"观念影响家庭风险资产参与模型，tobit 模型建立"自我养老"观念影响家庭风险资产配置模型，两个模型的自变量相同。自变量中的年龄、受教育年限、风险偏好、家庭成员、所在省份 GDP、主客观健康风险、是否参与医疗保险和大病医疗统筹、户主性别和婚姻状况、是否租房、家庭财富、是否拥有养老保险、养老观念均不会受是否参与或者配置风险资产影响。家庭收入变量是指前一年的家庭收入总和，同样不会受风险资产选择影响，但是金融知识可能受到风险资产选择影响，持有风险资产的户主可能会增加自己的金融知识水平，这可能导致所建立的计量模型存在因反向因果导致的内生性问题，沿用第4章的做法，我们把母亲的学历作为户主金融知识的工具变量。

6.3.3 "自我养老"观念对家庭风险资产参与影响的实证结果及解释

（1）使用 IVprobit 模型建立"自我养老"观念影响家庭风险资产参与模型，计量结果如表 6.3 第（3）列，金融知识水平的内生性检验在 1% 的水平上显著，表明金融知识水平是模型的内生解释变量，使用母亲学历作为工具变量，采用两阶段最小二乘估计法估计，第一阶段的 F 值均为 59.78，工具变量 t 值为 5.7，排除了弱工具变量问题，模型通过了 Wald 检验，表明模型中的自变量能够较好解释因变量。普通最小二乘回归和两阶段最小二乘回归中金融知识均通过了显著性检验，但金融知识在两阶段最小二乘回归中的系数 6.6708，明显大于普通最小二乘回归中的系数 0.6826，表明金融知识和风险资产参与之间存在互为因果关系，导致普通最小二乘回归违背了自变量外生性假定，低估了金融知识对风险资产参与的影响。比较表 6.3 第（1）列和表 6.3 第（3）列，金融知识导致的内生性问题对其他自变量的显著性影响较小。和对金融知识的影响类似，存在不同程度的高估或者低估自变量对风险资产参与的影响程度。

（2）IVprobit 回归结果显示，户主认可老人养老时会增加风险资产参与概率，户主拥有养老保险有助于增加家庭风险资产参与率概率。此外，正向影响家庭风险资产参与的连续型自变量有户主的金融知识水平、教育年限、家庭财富、家庭收入，负向影响家庭风险资产参与的连续型自变量有户主风险偏好、家庭成员数；有利于家庭风险资产参与的家庭特征为拥有医保、租房而非拥有住房、城市家庭，不利于家庭风险资产参与的家庭特征为户主没有医保、拥有住房而非租房、农村家庭。

（3）同等情况下成员数越多，家庭消费越多，则"潜在风险资产"越少，风险资产参与率越低。相比于租房居住的家庭，拥有自住房家庭的风险资产参与概率较低，这是因为自有住房占据了较多的资产，在总资产一定时，金融资产较少，家庭参与风险资产的概率降低。

表 6.3　　　　计量回归结果及稳健性检验结果表

	（1）	（2）	（3）	（4）	（5）	（6）
模型	proibt	tobit	IVprobit	IVtobit	IVprobit	IVtobit
因变量	risky_par	risky_deep	risky_par	risky_deep	replace_par	replace_deep
年龄	0.0470 ** (0.0190)	0.0336 ** (0.0131)	0.0489 ** (0.0205)	0.0345 ** (0.0137)	0.0588 *** (0.0205)	0.0399 *** (0.0141)
年龄平方	-0.0005 *** (0.0002)	-0.0003 *** (0.0001)	-0.0004 ** (0.0002)	-0.0003 *** (0.0001)	-0.0005 *** (0.0002)	-0.0003 *** (0.0001)
自我养老	0.1487 *** (0.0410)	0.1029 *** (0.0286)	0.1207 *** (0.0467)	0.0857 *** (0.0315)	0.1419 *** (0.0469)	0.0998 *** (0.0324)

续表

	(1)	(2)	(3)	(4)	(5)	(6)
模型	proibt	tobit	IVprobit	IVtobit	IVprobit	IVtobit
因变量	risky_par	risky_deep	risky_par	risky_deep	replace_par	replace_deep
有养老保险	0. 2630 ***	0. 1885 ***	0. 2106 ***	0. 1567 ***	0. 2255 ***	0. 1665 ***
	(0. 0769)	(0. 0548)	(0. 0812)	(0. 0558)	(0. 0835)	(0. 0586)
户主教育	0. 0612 ***	0. 0436 ***	0. 0240 *	0. 0211 **	0. 0292 **	0. 0237 **
年限	(0. 0062)	(0. 0043)	(0. 0142)	(0. 0094)	(0. 0140)	(0. 0096)
户主主观	- 0. 0220	- 0. 0218	- 0. 0869	- 0. 0608	- 0. 1043	- 0. 0696
健康风险	(0. 0599)	(0. 0427)	(0. 0688)	(0. 0463)	(0. 0688)	(0. 0475)
户主风险	- 0. 2160 ***	- 0. 1554 ***	- 0. 1029 **	- 0. 0870 ***	- 0. 1060 **	- 0. 0877 ***
偏好	(0. 0159)	(0. 0107)	(0. 0416)	(0. 0275)	(0. 0412)	(0. 0280)
有医保	0. 01869	0. 1256	0. 2271 *	0. 1492 *	0. 1837	0. 1212
	(0. 1203)	(0. 0832)	(0. 1260)	(0. 0855)	(0. 1246)	(0. 0865)
有大病医疗	0. 2202 ***	0. 1517 ***	0. 0630	0. 0572	0. 0707	0. 0617
统筹	(0. 0453)	(0. 0308)	(0. 0746)	(0. 0492)	(0. 0735)	(0. 0499)
金融知识	0. 6826 ***	0. 4371 ***	6. 6708 ***	4. 0290 ***	6. 2042 ***	3. 9357 ***
	(0. 0844)	(0. 0571)	(1. 9795)	(1. 3052)	(1. 9522)	(1. 3247)
家庭净	0. 2442 ***	0. 1632 ***	0. 2035 ***	0. 1383 ***	0. 1988 ***	0. 1368 ***
资产的对数	(0. 0193)	(0. 0130)	(0. 0248)	(0. 0169)	(0. 0248)	(0. 0174)
家庭总	0. 1289 ***	0. 0772 ***	0. 0887 ***	0. 0532 ***	0. 0979 ***	0. 0586 ***
收入的对数	(0. 0259)	(0. 0184)	(0. 0288)	(0. 0193)	(0. 0293)	(0. 0200)
男性	- 0. 0767 *	- 0. 0577 *	- 0. 0701	- 0. 0533	0. 0494	- 0. 0390
	(0. 0452)	(0. 0309)	(0. 0516)	(0. 0344)	(0. 0512)	(0. 0351)
家庭成员数	- 0. 0904 ***	- 0. 0668 ***	- 0. 0539 **	- 0. 0448 ***	- 0. 0611 ***	- 0. 0464 ***
	(0. 0180)	(0. 0130)	(0. 0229)	(0. 0156)	(0. 0232)	(0. 0161)
已婚	0. 0225	0. 0105	- 0. 0143	- 0. 0113	- 0. 0227	- 0. 0208
	(0. 0736)	(0. 0515)	(0. 0815)	(0. 0545)	(0. 0811)	(0. 0556)
不租房	- 0. 2809 ***	- 0. 1960 ***	- 0. 2231 ***	- 0. 1608 ***	0. 2172 ***	- 0. 1619 ***
	(0. 0671)	(0. 0459)	(0. 0784)	(0. 0523)	(0. 0779)	(0. 0533)

续表

	(1)	(2)	(3)	(4)	(5)	(6)
模型	proibt	tobit	IVprobit	IVtobit	IVprobit	IVtobit
因变量	risky_par	risky_deep	risky_par	risky_deep	replace_par	replace_deep
农村	-0.7908 ***	-0.5846 ***	-0.7784 ***	-0.5762 ***	-0.9939 ***	-0.7379 ***
	(0.0904)	(0.0649)	(0.0898)	(0.0639)	(0.1088)	(0.0792)
户主所在省人均 GDP 取对数	0.1615 ***	0.1136 ***	0.0894	0.0700 *	0.0765	0.0643
	(0.0512)	(0.0350)	(0.0612)	(0.0408)	(0.0607)	(0.0415)
常数项	-8.5612 ***	-5.7825 ***	-8.0395 ***	-5.4523 ***	-8.2021 ***	-5.6226 ***
	(0.7650)	(0.5197)	(0.8477)	(0.5813)	(0.8458)	(0.5956)
样本量	13 837	13 837	13 837	13 837	13 837	13 837
Wald 检验（或 F 检验）	$\chi^2(18) =$ 1 251.11 p = 0.0000	$F(18, 1 389) =$ 92.28 p = 0.0000	$\chi^2(18) =$ 1 116.14 P = 0000	$\chi^2(18) =$ 773.88 p = 0.0000	$\chi^2(18) =$ 1 055.43 P = 0.0000	$\chi^2(18) =$ 719.16 P = 0.0000
一阶段估计 F 值			59.78	59.78	59.78	59.78
工具变量 t 值			5.70	5.70	5.70	2.97
内生性检验 chi-sq（p 值）			0.0003	0.0016	0.0012	0.0030

资料来源：根据 STATA13.0 计算得到。

注：第（1）列和第（2）列给出 probit 模型和 tobit 模型的结果作为参照。

6.3.4 养老观念对家庭风险资产配置影响的实证结果及解释

使用 IVtobit 模型建立"自我养老"观念影响家庭风险资产配置模型，计量结果如下：

第一，表 6.3 第（4）列报告了金融知识水平的内生性检验在 1% 的水平上显著，表明金融知识水平是模型的内生解释变量，使用母亲学历作为工具变量，采用两阶段最小二乘估计法估计，第一阶段的 F 值均为 59.78，工具变量 t 值为 5.7，排除了弱工具变量问题，模型通过了 Wald 检验，表明模型中的自变量能够较好解释因变量。普通最小二乘回归和两阶段最小二乘回归中金融知识均通过了显著性检验，但金融知识在两阶段最小二乘回归中的系数 4.029，明显大于普通最小二乘回归中的系数0.4371，表明金融知识和风险资产参与之间存在互为因果关系，导致普通最小二乘回归违背了自变量外生性假定，低估了金融知识对风险资产配置的影响。比较表 6.3 第（2）列和表 6.3 第（4）列，金融知识导致的内生性问题对其他自变量的显著性影响较小。和对金融知识的影响类似，存在不同程度的高估或者低估自变量对风险资产配置的影响程度。

第二，IVtobit 回归结果显示，户主认可自我养老时会增加风险资产配置率，户主拥有养老保险有助于增加家庭风险资产配置率。此外，正向影响家庭风险资产配置的连续型自变量有户主的金融知识水平、教育年限、家庭财富、家庭收入、所在省的人均GDP，负向影响家庭风险资产配置的连续型自变量有户主风险偏好、家庭成员数；有利于家庭风险资产配置的家庭特征为户主拥有医保、租房而非拥有住房、城市家庭，不利于家庭风险资产配置的家庭特征为户主没有医保、拥有住房而非租房、农村家庭。

第三，同等情况下成员数越多，家庭消费越多，交易动机越大，风险资产配置率更低。相比于租房居住的家庭，拥有自住房家庭的风险资产配置率较低，这是因为自有住房占据了较多的资产，在总资产一定时，金融资产较少，家庭风险资产配置的概率降低；城市家庭、人均 GDP 更高省份的家庭风险资产配置率更高，可能的解释是人均 GDP 高的省份，金融服务水平更高，"潜在风险资产"转化为"实际风险资产"的比例更高。

6.3.5 稳健性检验

（1）中国家庭风险资产参与影响因素的稳健性检验。

为了检验 IVprobit 模型实证结果的稳健性，需要替换因变量，具体地用股票和基金替代风险资产。前文的描述性统计显示，股票和基金是家庭风险资产的主要组成部分，替代风险资产能够检验实证结果的稳健性。稳健性检验回归结果见表6.3第（5）列。各自变量的显著性、回归系数符号均和表6.3第（3）列相同，回归系数和表6.3第（3）列差别不大。因此，表6.3第（3）列给出的IVprobit实证结果具有稳健性。

（2）中国家庭风险资产配置影响因素的稳健性检验。

为了检验IVtobit实证结果的稳健性，同样分别用股票和基金替代风险资产。稳健性检验回归结果见表6.3第（6）列，除去所在省人均GDP对风险资产参与的影响不显著外，各自变量的显著性、回归系数符号均和表6.3第（4）列相同，回归系数和表6.3第（4）列差别不大，因此，表6.3第（4）列给出的IVtobit实证结果具有稳健性。

6.4　养老观念的生命周期效应

依据户主年龄对样本分组，计算各年龄的平均自我养老观念，结果见图6.3，未发现清晰的养老观念生命周期效应，进一

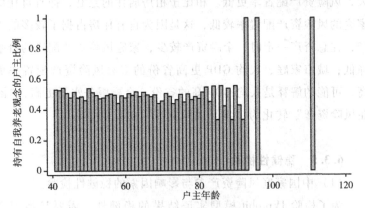

图6.3　户主年龄和各年龄持有"自我养老"观念的户主比例

步按照年龄段分组后，根据图 6.4 和表 6.4，养老观念存在递减型生命周期效应，即随着年龄增加，户主认为老人承担养老责任的比例在下降。

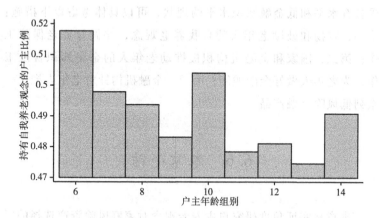

图 6.4　户主年龄组别和各年龄持有"自我养老"观念的户主比例

表 6.4　各年龄组持有自我养老观念的户主比例表

户主年龄组别	养老观念（%）	户主年龄组别	养老观念（%）
[41, 45]	0.52	[66, 70]	0.48
[46, 50]	0.50	[71, 75]	0.48
[51, 55]	0.49	[76, 80]	0.47
[56, 60]	0.48	[81, 111]	0.49
[61, 65]	0.50		

资料来源：根据 CHFS2013 整理得到。

6.5　老龄化背景下促进老年家庭风险资产选择的政策研究

我国在老龄化背景下面临着养老资金缺口、老龄化导致的收人不平等和低金融市场供需等经济社会问题。增加 60 岁以上老年家庭的风险资产选择、拓宽财产性收入是一个较好的解决途径，但在具体的政策实施时要充分考虑老年人的低风险偏好、低受教育水平和低金融知识水平的现状，可以具体考虑以下措施：第一，宣扬和鼓励老年人的自我养老观念，并做好养老保障工作；第二，国家和金融机构积极推动老年人的金融知识普及工作，为老年人做好金融顾问；第三，金融机构针对老年人推出一系列低风险金融产品。

6.6　本章小结

本章从实证角度研究户主养老观念对家庭风险资产选择的影响，基于构建的风险资产选择机制，借助 IVprobit 模型和 IVtobit 模型验证了养老观念是家庭风险资产参与和家庭风险资产配置的影响因素。当有养老计划的户主认为老人应当承担养老责任时，投机动机增加，即增加了风险资产转化率。拥有养老保险可以降低家庭的预防动机，增加风险资产选择，证实了假设 5.1 和假设 5.3。在此基础上验证了家庭观念存在生命周期效应，证实了假设 5.2。具体结论如下：

第一，老人"自我养老"观念有利于家庭风险资产选择。

第二，"自我养老"观念存在递减型生命周期效应，即年龄越大越倾向于他人养老。

第三，拥有养老保险有利于家庭风险资产选择。

第7章 结论与政策建议

7.1 研究结论

本书主要得到以下六条研究结论：

（1）中国家庭风险资产选择存在"倒 U 型"生命周期效应特征。

基于非线性测度方法——MIC 法和图示法相结合的方法，本书研究证实我国家庭风险资产选择存在"倒 U 型"生命周期效应。风险资产选择随着年龄变化存在一个明显的峰值，随着年龄增加，无论是风险资产总量还是股票或基金的参与和配置均在达到峰值前大体呈现递增态势，在达到峰值后大体呈现递减态势。

（2）家庭收入、家庭财富、风险偏好、受教育年限和金融专业知识存在生命周期效应，导致中国家庭风险资产选择呈现生命周期效应。

部分家庭风险资产选择影响因素存在生命周期效应，导致了中国家庭风险资产选择的生命周期效应。家庭收入、家庭财富、风险偏好、受教育年限和金融专业知识是中国家庭风险资产选择的影响因素，其中家庭收入、家庭财富、受教育年限和金融专业知识存在"倒 U 型"生命周期效应，风险偏好存在递增型生命周期效应，在它们的共同作用下，家庭风险资产选择呈现出

"倒 U 型"生命周期效应。

（3）家庭收入、家庭财富、户主金融专业知识、受教育年限在不同年龄组的均值城乡差异，导致了家庭风险资产选择生命周期效应的城乡纵向差异。

我国家庭风险资产选择的生命周期效应在城乡和东、中西部之间存在区域纵向差异：城镇家庭的风险资产参与率峰值和配置率峰值明显大于农村家庭，东部家庭的风险资产参与率峰值和配置率峰值明显大于中西部家庭。对此的解释如下：家庭收入、家庭财富、户主金融专业知识、受教育年限在不同年龄组的均值城乡差异，导致了家庭风险资产选择生命周期效应的城乡纵向差异；家庭收入和家庭财富在不同年龄组的均值东部和中西部差异，导致了家庭风险资产选择生命周期效应的东部和中西部纵向差异。

（4）家庭收入、家庭财富、户主金融专业知识、受教育年限的变异系数的区域差异导致了区域间风险资产选择的波动差异。

我国家庭风险资产选择的生命周期效应在城乡和东、中西部之间存在区域波动性差异：农村家庭不同年龄组的风险资产选择波动性大于城市家庭，东部家庭不同年龄组的风险资产选择波动性大于中西部家庭。对此的解释如下：农村家庭的家庭收入、家庭财富、户主金融专业知识、受教育年限的变异系数均大于城市家庭，是农村家庭风险资产选择波动性比城市家庭大的原因；中西部家庭的家庭收入和家庭财富的变异系数均明显大于东部家庭，造成中西部家庭风险资产选择波动性比东部家庭大。

（5）工作稳定性存在递增型生命周期效应，且正向影响中国家庭风险资产选择。

本书基于构建的风险资产选择机制和 probit 模型、tobit 模型和最小二乘估计法，理论和实证相结合发现工作稳定性影响家庭风险资产选择，具体如下：一是工作稳定性越高，家庭风险资产参与概率和家庭风险资产配置率越高。二是工作稳定性存在递增型生命周期效应。三是失业保险有利于增加家庭风险资产参与概率和家庭风险资产配置率。

（6）自我养老观念存在递减型生命周期效应，且正向影响中国家庭风险资产选择。

本书基于构建的风险资产选择机制和 IVprobit 模型、IVtobit 模型，理论和实证相结合发现养老观念影响家庭风险资产选择，具体如下：一是自我养老观念会增加家庭风险资产选择。二是自我养老观念存在递减型生命周期效应，即年龄越大越倾向于他人养老。三是拥有养老保险有利于家庭风险资产选择。

7.2　政策建议

（1）缩小区域间家庭收入、财富差距，减少区域间风险资产选择差异。

不同年龄之间的收入、财富差异，是风险资产选择生命周期效应的区域纵向差异的原因。不同区域间的生命周期纵向差异，意味着不同区域的财产性收入差距不同，最终导致不同区域间的收入、财富不平等程度不同，不利于社会稳定。因此有针对性地缩小城市与农村以及东部与中西部家庭间的收入、财富差距，减少区域间风险资产选择差异有重要的稳定社会意义。

（2）加强 30 岁以下青年人的就业保障，增进家庭风险资产选择。

我国的家庭风险资产选择生命周期效应显示，30 岁以下青年家庭的风险资产参与率和参与程度低于中年家庭，不利于 30 岁以下青年家庭享受我国经济金融发展带来的红利。工作稳定性差是制约 30 岁以下青年家庭参与风险资产的重要原因，因此，针对 30 岁以下青年人采取更加有力的就业保障、缩短失业周期、提高失业保险力度，增加 30 岁以下青年家庭的收入稳定性，将有效拓宽 30 岁以下青年家庭的财产性收入来源，最终有利于缩小全社会的收入和财富差距。

（3）普及老年人金融知识水平，提高老年家庭的风险资产选择。

金融专业知识水平正向影响家庭风险资产选择。本书研究显示，低年龄组金融知识水平高于高年龄组，老年户主的金融知识水平较低。向 60 岁以上老年家庭普及金融知识，有利于提高这些低风险资产选择家庭的风险资产参与率和配置率，增加全社会的金融供给。

（4）增强老年人自我养老意识，增进老年家庭的风险资产选择。

60 岁以上老年家庭面临现在或者未来的养老问题，缺少自我养老观念是部分 60 岁以上老年家庭较少参与或配置风险资产的重要原因。研究显示，随着家庭年龄的增加，自我养老观念逐渐减弱。我国老龄化程度不断加深，60 岁以上老年家庭比例不断上升，养老压力不断增加，单纯的社会养老或子女养老难以实现全覆盖养老。60 岁以上老年家庭有通过风险资产获取收益、拓展养老费用来源的能力。因此，有必要增强 60 岁以上老年家庭的自我养老观念，开发低风险的金融产品，通过普及金融知识和金融指导帮助 60 岁以上老年家庭参与金融市场，拓宽他们的财产性收入来源。当然，健全、覆盖面广的社会养老机制同样有利于 60 岁以上老年家庭增加风险资产选择。

第8章 研究展望与实证研究思考

8.1 研究展望

8.1.1 多时期研究

受限于所得数据，本书只研究了 2013 年的中国家庭风险资产选择生命周期效应特征，宏观经济对家庭风险资产选择有很大影响，处于不同经济周期状态的家庭呈现的风险资产选择生命周期效应可能不同。这有待于更加完善的数据支撑。（聂瑞华，2018）

8.1.2 风险资产转化率的生命周期效应研究

本书提出了风险资产转化率的概念，但对其研究尚处于理论层面，目前无法进行精准测度，只能从定性角度，间接研究存在生命周期效应的影响因素对转化率的影响。假如能够测度风险资产转化率，就可以精准了解家庭现有金融资产中有多大比例可以转化为风险资产，并且明晰其生命周期效应，这有利于更进一步解释家庭风险资产选择的生命周期效应成因，同时提供更精准的政策建议。（聂瑞华，2018）

8.1.3 家庭负债对家庭风险资产选择生命周期效应的影响研究

处于不同年龄阶段的家庭，负债情况不同。例如：城市中有很多 30 岁以下青年家庭有房贷，对于尚处于还贷期的家庭和没有房贷的家庭，家庭风险资产选择行为有可能不同。随着还款年限的减少，家庭的风险资产选择行为有可能在变化。（聂瑞华，2018）

8.1.4 群体异质性影响研究

家庭资产选择的早期研究较为关注家庭的外部影响因素，近几年家庭及个人的异质性受到重视，但是仅仅从家庭及个人的特征出发，难以全面呈现不同国家、不同地区、不同生活环境、不同传统文化导致的家庭异质性。特别是在研究我国的家庭异质性对家庭资产选择的影响时，中西方的家庭概念、家庭文化有很大区别，不对此加以区分直接参考外国文献做研究，容易忽略家庭资产选择的重要影响因素，无法精准剖析我国家庭资产选择原因（聂瑞华，2018）。

8.1.5 家庭资产选择关联因素影响机制研究

随着对家庭异质性的持续关注，和资产选择有关的家庭异质性不断被发现并证实。家庭异质性因素是一个家庭的特征性表现，这些因素之间难免存在不同程度的关联性。现有研究能够呈现多因素共同影响家庭资产选择。但少有针对相关联因素如何共同影响资产选择的机制研究，而这方面的研究能够有助于更加全面、动态解释甚至模拟家庭资产的选择过程。针对此方面的深入研究可考虑从方法上做出改进，建立使用能够呈现多因素相互影响并共同作用于家庭资产选择的模型。（聂瑞华，2018）

8.1.6 从投资回报及金融脆弱性双角度优化家庭资产选择

家庭资产选择的最重要经济结果是家庭投资回报，这也是家庭资产选择受到很大关注的一个主要原因。此外，2008 年全球经济危机后，整个金融市场加大了对金融风险控制的关注，持有金融资产的家庭同样应该对此给予关注，这也是家庭金融脆弱性研究的出发点。例如，当家庭房产收益和业主失业风险存在负相关时，持有房产将使得家庭面临较大风险，即家庭金融脆弱性程度较大。因此，对家庭资产选择的优化既要关注投资收益，也要考虑由资产选择导致的家庭金融脆弱性。（聂瑞华，2018）

8.2　家庭金融实证研究的数据采集思考

8.2.1　大数据正在冲击传统数据采集方法

在现有的计算、存储能力还没有达到应对大数据的能力时，抽样调查仍然有其生命力，是现阶段我们采集经济、社会等方面数据的重要调查方法（聂瑞华，2016）。抽样方法按照抽样过程是否遵从随机原则可分为概率抽样和非概率抽样（金勇进，2014）。概率抽样是指按照已有的设计、遵从随机原则，从总体中抽取部分样本单元。它有以下三个特点：一是样本单元的入样过程不是主观的；二是单元的入样概率已知；三是估计量和样本单元的入样概率以及其观测值有关（金勇进，2014）。

类似于大数据的特征，网络数据呈现出大量性、高速性和多变性等特点。在这种情况下想要知道每个单元的入样概率是很难的，且不说大数据的大量性让我们在计算每个单元的入样概率时需要强大的计算能力，大数据的高速性和多变性，也使得我们几乎无法知道在抽样结束后的下一刻，总体的样貌是什么样的。因此，在时刻变化的总体中，我们很难构建抽样框并计算单元的入样概率，大数据下概率抽样的使用受到了极大限制。反观非概率抽样，它最重要的特征是在抽样过程中不遵从随机原则，不会像概率抽样一样因受到大数据特点的限制而难以进行（聂瑞华，

2016）。因此，在大数据背景下可以使用部分非概率抽样方法。非概率抽样主要有判断抽样、方便抽样、自愿样本、配额抽样（金勇进，2014）和滚雪球抽样。

8.2.2 适应大数据特征的调查方法被不断提出

随着大数据、互联网络的高速发展和普及，网络调查因其短耗时、低成本、高效率的特点成为数据采集的重要形式（刘展，2021）。可以预想，未来很大比例的家庭金融研究数据将通过网络调查获得。进一步，我们借助在线社交网络平台的调查方法可以帮助家庭金融的数据采集，如滚雪球抽样。滚雪球抽样是一种由此及彼的链式抽样，抽样过程并不是一次实现的，而是多个阶段抽样的累加，但多个阶段之间不是孤立存在的，他们之间由推荐点联系（聂瑞华，2016）。这样的抽样过程与信息在互联网中的传播特征相符。

目前，适应于大数据背景的捕获移除模型（米子川，2016）、滚雪球抽样（聂瑞华，2019）、空间平衡抽样（郝一炜和金勇进，2020）、随机森林倾向得分模型（刘展等，2021）等数据采集和处理方法已经被提出。在将来的采集、使用家庭金融数据时应当融入这些前沿成果，为做好家庭金融实证研究打下更坚实的基础。

8.3 家庭金融实证研究的方法思考

风险一直是金融研究的重点，家庭金融领域同样如此。在研究家庭金融风险时可借鉴金融市场的风险预警模型。传统统计测度方法有：Logistic 模型、Probit 模型和 Extreme Value 模型等（Campbell，2008；Tian，2015；Danenas 等，2015；Yu 等，2010；姚德权、鲁志军，2013；程天笑和闻岳春，2016），这些方法有很好的解释性，但鉴于家庭风险的影响因素众多且数据规模较大，它们在数据处理和风险预测方面又稍显不足。机器学习算法是一类从数据中自动分析获得规律，并利用规律对未知数据进行预测的算法，擅长针对多维甚至高维数据的预测。机器学习算法中的神经网络、决策树、支持向量机、贝叶斯网络等模型均可以考虑用于家庭风险实证研究（聂瑞华，2018）。

附录1：不同区域各年龄组的样本容量

组别	年龄区间	全样本	城镇	农村	东部	中部	西部
1	[17, 20]	35	32	3	18	9	8
2	[21, 25]	324	304	20	163	70	91
3	[26, 30]	675	612	63	333	167	175
4	[31, 35]	922	779	143	474	234	214
5	[36, 40]	1 456	1 068	388	641	429	386
6	[41, 45]	2 131	1 468	663	882	686	563
7	[46, 50]	2 376	1 491	885	962	795	619
8	[51, 55]	1 859	1 167	692	894	642	323
9	[56, 60]	2 208	1 353	855	1046	714	448
10	[61, 65]	2 017	1 220	797	938	629	450
11	[66, 70]	1 376	856	520	634	451	291
12	[71, 75]	960	641	319	424	329	207
13	[76, 80]	656	469	187	354	186	116
14	[81, 111]	383	297	86	227	91	65
总计	[17, 111]	17 378	11 757	5 621	7 990	5 432	3 956

资料来源：根据 CHFS2013 整理得到。

附录 2：全样本下的户主年龄组别与家庭风险资产总量选择

组别	年龄区间	风险资产总量参与率	风险资产总量配置率	股票参与率	股票配置率	基金参与率	基金配置率
1	[17, 20]	2.86%	0.83%	0	0	0	0
2	[21, 25]	7.10%	2.89%	2.78%	1.28%	1.85%	0.68%
3	[26, 30]	9.04%	3.59%	6.07%	1.98%	2.37%	0.82%
4	[31, 35]	13.34%	5.01%	9.11%	2.96%	4.77%	1.36%
5	[36, 40]	13.32%	5.44%	9.41%	3.55%	4.26%	1.37%
6	[41, 45]	11.59%	5.11%	7.84%	3.28%	4.27%	1.48%
7	[46, 50]	8.04%	3.75%	5.51%	2.70%	3.11%	0.93%
8	[51, 55]	7.75%	3.57%	6.08%	2.69%	2.53%	0.70%
9	[56, 60]	7.88%	3.49%	5.48%	2.20%	3.31%	1.11%
10	[61, 65]	6.79%	3.27%	5.16%	2.38%	2.43%	0.77%
11	[66, 70]	6.03%	2.86%	4.51%	1.99%	2.40%	0.87%
12	[71, 75]	4.06%	1.69%	3.13%	1.09%	1.77%	0.57%
13	[76, 80]	5.03%	2.79%	3.51%	1.94%	1.68%	0.85%
14	[81, 111]	2.35%	1.28%	0.78%	0.56%	1.57%	0.73%

资料来源：根据 STATA13.0 计算得到。

附录3：城乡家庭的户主年龄组别与家庭风险资产总量选择

组别	年龄区间	城镇家庭风险资产参与率	农村家庭风险资产参与率	城镇家庭风险资产配置率	农村家庭风险资产配置率
1	[17, 20]	3.13%	0	0.91%	0
2	[21, 25]	7.57%	0	3.08%	0
3	[26, 30]	9.80%	1.59%	3.90%	0.51%
4	[31, 35]	15.53%	1.40%	5.90%	0.14%
5	[36, 40]	17.70%	1.29%	7.18%	0.64%
6	[41, 45]	16.49%	0.75%	7.31%	0.22%
7	[46, 50]	12.34%	0.79%	5.77%	0.34%
8	[51, 55]	12.17%	0.29%	5.63%	0.10%
9	[56, 60]	12.56%	0.47%	5.56%	0.20%
10	[61, 65]	10.82%	0.63%	5.26%	0.21%
11	[66, 70]	9.58%	0.19%	4.57%	0.05%
12	[71, 75]	6.08%	0	2.54%	0
13	[76, 80]	7.04%	0	3.90%	0
14	[81, 111]	3.03%	0	1.66%	0

资料来源：根据 STATA13.0 计算得到。

附录 4：城乡家庭的户主年龄组别与家庭股票选择

组别	年龄区间	城镇家庭股票参与率	农村家庭股票参与率	城镇家庭股票配置率	农村家庭股票配置率
1	[17，20]	0	0	0	0
2	[21，25]	2.96%	0	1.36%	0
3	[26，30]	6.70%	0	2.18%	0
4	[31，35]	10.78%	0	3.50%	0
5	[36，40]	12.45%	1.03%	4.73%	0.29%
6	[41，45]	11.31%	0.15%	4.75%	0.01%
7	[46，50]	8.65%	0.23%	4.18%	0.22%
8	[51，55]	9.68%	0	4.29%	0
9	[56，60]	8.94%	0	3.59%	0
10	[61，65]	8.44%	0.13%	3.90%	0.06%
11	[66，70]	7.24%	0	3.19%	0
12	[71，75]	4.68%	0	1.63%	0
13	[76，80]	4.90%	0	2.71%	0
14	[81，111]	1.01%	0	0.72%	0

资料来源：根据 STATA13.0 计算得到。

附录 5：城乡家庭的户主年龄组别与家庭基金选择

组别	年龄区间	城镇家庭基金参与率	农村家庭基金参与率	城镇家庭基金配置率	农村家庭基金配置率
1	[17, 20]	0	0	0	0
2	[21, 25]	1.97%	0	0.73%	0
3	[26, 30]	2.18%	0	0.90%	0
4	[31, 35]	5.65%	0	1.61%	0
5	[36, 40]	5.71%	0.26%	1.81%	0.15%
6	[41, 45]	6.13%	0.15%	2.13%	0.05%
7	[46, 50]	4.69%	0.45%	1.43%	0.09%
8	[51, 55]	3.94%	0.14%	1.11%	0.01%
9	[56, 60]	5.24%	0.23%	1.73%	0.12%
10	[61, 65]	3.93%	0.13%	1.28%	0.01%
11	[66, 70]	3.74%	0.19%	1.36%	0.05%
12	[71, 75]	2.65%	0	0.85%	0
13	[76, 80]	2.35%	0	1.19%	0
14	[81, 111]	2.02%	0	0.94%	0

资料来源：根据 STATA13.0 计算得到。

附录 6：东、中、西部家庭的户主年龄组别与家庭风险资产选择

组别	年龄区间	东部家庭风险资产参与率	中部家庭风险资产参与率	西部家庭风险资产参与率	东部家庭风险资产配置率	中部家庭风险资产配置率	西部家庭风险资产配置率
1	[17，20]	0	11.11%	0	0	3.24%	0
2	[21，25]	9.20%	2.86%	6.59%	3.91%	1.67%	1.99%
3	[26，30]	12.91%	6.59%	4%	5.45%	2.57%	1.01%
4	[31，35]	17.09%	8.55%	10.28%	6.99%	2.49%	3.36%
5	[36，40]	18.41%	9.79%	8.81%	7.45%	4.02%	3.37%
6	[41，45]	17.23%	6.85%	8.53%	7.54%	2.92%	3.96%
7	[46，50]	9.98%	6.79%	6.62%	4.92%	2.96%	2.95%
8	[51，55]	11.63%	4.05%	4.33%	5.34%	1.75%	2.30%
9	[56，60]	11.57%	4.90%	4.02%	5.14%	2.07%	1.89%
10	[61，65]	10.34%	3.34%	4.22%	5.03%	1.40%	2.19%
11	[66，70]	8.99%	2.88%	4.47%	4.26%	1.55%	1.84%
12	[71，75]	7.78%	1.22%	0.97%	3.23%	0.64%	0.21%
13	[76，80]	7.06%	2.15%	3.45%	4.30%	0.66%	1.61%
14	[81，111]	3.08%	1.10%	1.54%	1.93%	0.47%	0.17%

资料来源：根据 STATA13.0 计算得到。

附录7：东、中、西部家庭的户主年龄组别与家庭股票选择

组别	年龄区间	东部家庭股票参与率	中部家庭股票参与率	西部家庭股票参与率	东部家庭股票配置率	中部家庭股票配置率	西部家庭股票配置率
1	[17，20]	0	0	0	0	0	0
2	[21，25]	3.68%	1.43%	2.20%	1.35%	1.26%	1.17%
3	[26，30]	8.41%	3.59%	4%	2.83%	1.57%	0.74%
4	[31，35]	12.03%	5.13%	7.01%	4.17%	1.26%	2.14%
5	[36，40]	14.04%	5.83%	5.70%	5.41%	2.04%	2.13%
6	[41，45]	11.45%	4.52%	6.22%	4.75%	1.92%	2.62%
7	[46，50]	7.38%	4.40%	4.04%	3.86%	1.99%	1.83%
8	[51，55]	9.06%	3.43%	3.10%	3.95%	1.45%	1.70%
9	[56，60]	8.13%	3.50%	2.46%	3.38%	1.19%	1.05%
10	[61，65]	8.21%	2.23%	2.89%	3.73%	1.14%	1.29%
11	[66，70]	6.78%	2.66%	2.41%	2.87%	1.26%	1.18%
12	[71，75]	5.90%	1.22%	0.48%	1.98%	0.60%	0.04%
13	[76，80]	4.80%	1.61%	2.59%	2.80%	0.59%	1.48%
14	[81，111]	1.32%	0	0	0.94%	0	0

资料来源：根据 STATA13.0 计算得到。

附录 8：东、中、西部家庭的户主年龄组别与家庭基金选择

组别	年龄区间	东部家庭基金参与率	中部家庭基金参与率	西部家庭基金参与率	东部家庭基金配置率	中部家庭基金配置率	西部家庭基金配置率
1	[17, 20]	0	0	0	0	0	0
2	[21, 25]	3.68%	0	0	1.36%	0	0
3	[26, 30]	3.60%	1.80%	0.57%	1.34%	0.37%	0.27%
4	[31, 35]	6.12%	3.42%	3.27%	1.79%	0.87%	0.95%
5	[36, 40]	4.99%	3.73%	3.63%	1.36%	1.45%	1.30%
6	[41, 45]	5.90%	3.35%	2.84%	2.23%	0.87%	1.06%
7	[46, 50]	3.12%	2.64%	3.72%	0.94%	0.85%	1.02%
8	[51, 55]	3.80%	0.78%	2.48%	1.11%	0.18%	0.59%
9	[56, 60]	4.59%	2.38%	1.79%	1.46%	0.75%	0.84%
10	[61, 65]	3.73%	1.11%	1.56%	1.16%	0.25%	0.70%
11	[66, 70]	3.94%	0.44%	2.06%	1.37%	0.29%	0.66%
12	[71, 75]	3.54%	0.30%	0.48%	1.16%	0.04%	0.17%
13	[76, 80]	2.54%	0.54%	0.86%	1.50%	0.07%	0.13%
14	[81, 111]	1.76%	1.10%	1.54%	0.99%	0.47%	0.17%

资料来源：根据 STATA13.0 计算得到。

附录9: 存在生命周期效应变量在各年龄组的均值表

组别	年龄区间	家庭收入（万元）	家庭财富（万元）	户主风险偏好	户主金融知识	户主受教育年限
1	[17，20]	4.24	62.91	3.49	0.16	10.54
2	[21，25]	6.63	52.48	2.97	0.20	12.51
3	[26，30]	9.97	78.23	3.29	0.18	12.84
4	[31，35]	9.10	84.28	3.55	0.18	11.81
5	[36，40]	6.95	78.35	3.72	0.16	10.58
6	[41，45]	6.43	67.58	3.92	0.15	9.75
7	[46，50]	6.58	68.51	4.09	0.13	9.46
8	[51，55]	6.30	65.14	4.17	0.13	9.71
9	[56，60]	5.94	64.02	4.34	0.12	8.50
10	[61，65]	5.22	61.34	4.45	0.11	7.54
11	[66，70]	4.88	48.91	4.57	0.11	7.84
12	[71，75]	4.31	56.96	4.63	0.09	7.54
13	[76，80]	4.76	63.63	4.66	0.08	7.13
14	[81，111]	5.46	60.28	4.77	0.08	6.54

资料来源：根据STATA13.0计算得到。

附录 10：城市存在生命周期效应变量
在各年龄组的均值

组别	年龄区间	家庭收入 （万元）	家庭财富 （万元）	户主风险 偏好	户主金融 知识	户主受教 育年限
1	[17, 20]	4.32	66.11	3.38	0.16	10.88
2	[21, 25]	6.92	53.93	2.92	0.21	12.90
3	[26, 30]	10.57	81.53	3.25	0.18	13.28
4	[31, 35]	10.20	94.73	3.49	0.18	12.42
5	[36, 40]	8.11	93.23	3.70	0.17	11.58
6	[41, 45]	7.52	83.92	3.88	0.17	10.75
7	[46, 50]	7.74	90.44	4.08	0.15	10.53
8	[51, 55]	7.36	86.56	4.19	0.14	10.50
9	[56, 60]	7.01	87.48	4.38	0.13	9.41
10	[61, 65]	6.52	86.26	4.43	0.13	8.72
11	[66, 70]	6.17	68.04	4.59	0.13	8.98
12	[71, 75]	5.41	78.52	4.64	0.10	8.78
13	[76, 80]	5.75	82.86	4.67	0.09	8.01
14	[81, 111]	6.48	74.68	4.82	0.10	7.77

资料来源：根据 STATA13.0 计算得到。

附录 11：农村存在生命周期效应变量
在各年龄组的均值

组别	年龄区间	家庭收入（万元）	家庭财富（万元）	户主风险偏好	户主金融知识	户主受教育年限
1	[17，20]	3.36	28.78	4.67	0.22	7.00
2	[21，25]	2.19	30.37	3.65	0.10	6.60
3	[26，30]	4.15	46.17	3.60	0.11	8.48
4	[31，35]	3.10	27.39	3.87	0.15	8.45
5	[36，40]	3.74	37.40	3.79	0.14	7.83
6	[41，45]	4.01	31.41	3.99	0.13	7.53
7	[46，50]	4.62	31.57	4.11	0.10	7.67
8	[51，55]	4.50	29.03	4.13	0.11	8.39
9	[56，60]	4.25	26.90	4.29	0.10	7.07
10	[61，65]	3.25	23.20	4.48	0.08	5.73
11	[66，70]	2.74	17.42	4.53	0.07	5.97
12	[71，75]	2.09	13.63	4.50	0.05	5.03
13	[76，80]	2.28	15.39	4.63	0.05	4.91
14	[81，111]	1.94	10.55	4.57	0.02	2.27

资料来源：根据 STATA13.0 计算得到。

附录 12：东部存在生命周期效应变量
在各年龄组的均值

组别	年龄区间	家庭收入（万元）	家庭财富（万元）	户主风险偏好	户主金融专业知识	户主受教育年限
1	[17，20]	5.32	112.29	3.50	0.15	10.83
2	[21，25]	7.45	64.60	2.98	0.19	13.00
3	[26，30]	11.08	95.76	3.31	0.20	13.41
4	[31，35]	11.29	114.30	3.52	0.18	12.32
5	[36，40]	8.45	109.81	3.68	0.18	11.19
6	[41，45]	7.98	101.66	3.88	0.16	10.35
7	[46，50]	8.11	101.60	4.09	0.13	9.80
8	[51，55]	7.83	94.18	4.18	0.13	10.04
9	[56，60]	7.36	92.62	4.40	0.11	8.89
10	[61，65]	6.56	90.57	4.49	0.12	8.21
11	[66，70]	6.13	72.33	4.58	0.12	8.59
12	[71，75]	5.37	94.16	4.66	0.09	8.12
13	[76，80]	5.78	91.92	4.67	0.08	7.70
14	[81，111]	6.48	80.62	4.79	0.09	7.11

资料来源：根据 STATA13.0 计算得到。

附录 13：中西部存在生命周期效应变量在各年龄组的均值

组别	年龄区间	家庭收入（万元）	家庭财富（万元）	户主风险偏好	户主金融专业知识	户主受教育年限
1	[17，20]	3.09	10.62	3.47	0.18	10.24
2	[21，25]	5.81	40.20	2.96	0.21	12.02
3	[26，30]	8.89	61.16	3.26	0.15	12.28
4	[31，35]	6.79	52.52	3.57	0.18	11.28
5	[36，40]	5.76	53.61	3.75	0.15	10.10
6	[41，45]	5.33	43.52	3.94	0.15	9.32
7	[46，50]	5.55	46.00	4.10	0.13	9.23
8	[51，55]	4.87	38.24	4.15	0.13	9.41
9	[56，60]	4.67	38.27	4.29	0.12	8.15
10	[61，65]	4.07	35.93	4.42	0.10	6.96
11	[66，70]	3.80	28.90	4.56	0.09	7.19
12	[71，75]	3.47	27.53	4.60	0.08	7.08
13	[76，80]	3.56	30.47	4.64	0.08	6.46
14	[81，111]	3.97	30.68	4.73	0.07	5.71

资料来源：根据 CHFS2013 计算得到。

参 考 文 献

［1］ Campbell J Y. Household finance ［J］. Journal of Finance, 2006, 61 (4): 1553—1604.

［2］ 尹志超, 黄倩. 股市有限参与之谜研究述评 ［J］. 经济评论, 2013 (06): 144—150.

［3］ Campbell J Y. Restoring rational choice: The challenge of consumer financial regulation ［J］. American Economic Review, 2016, 106 (5): 1—30.

［4］ 甘犁等. 中国家庭金融资产配置风险报告 ［EB/OL］. http: //chfs. swufe. edu. cn/, 2016.

［5］ Yoo, P. S. Age dependent portfolio selection ［R］. Federal Reserve Bank of Saint Louis Working Paper, 1994, No. 94 – 003A.

［6］ McCarthy D. Household portfolio allocation: A review of the literature ［J］. Imperial College Working Paper, 2004, (1): 60—79.

［7］ Yongsung Chang, Jay H. Hong, Marios Karabarbounis. Labor market uncertainty and portfolio choice puzzles ［J］. American Economic Journal: Macroeconomics, 2018, 10 (2): 62—222.

［8］ 吴卫星, 易尽然, 郑建明. 中国居民家庭投资结构: 基于生命周期、财富和住房的实证分析 ［J］. 经济研究, 2010,

45 (S1): 72—82.

[9] 李丽芳, 柴时军, 王聪. 生命周期、人口结构与居民投资组合——来自中国家庭金融调查 (CHFS) 的证据 [J]. 华南师范大学学报 (社会科学版), 2015 (04): 13—18.

[10] 贺建风, 吴慧. 财务舵主个人特征对家庭金融市场参与的影响 [J]. 金融经济学研究, 2017, 32 (04): 82—93.

[11] 王浩名. 全面二孩政策下人口结构转变对宏观经济的长期影响 [J]. 人口与经济, 2018 (03): 25—36.

[12] 史代敏, 宋艳. 居民家庭金融资产选择的实证研究 [J]. 统计研究, 2005 (10): 43—49.

[13] Markowitz H. Portfolio selection [J]. The Journal of Finance, 1952, 7 (1): 77—91.

[14] Tobin, J. Liquidity preference as behavior toward risk [J]. Review of Economic Studies, 1958, 25, 65—85.

[15] Sharpe W. F. A theory of market equilibriem under conditions of risk [J]. The Journal of Finance, 1964, 19 (3): 425—442.

[16] Merton R C. Lifetime portfolio selection under uncertainty: The continuous – time case [J]. The Review of Economics and Statistics, 1969: 247—257.

[17] Merton R C. Optimum consumption and portfolio rules in a continuous – time model [J]. Journal of economic theory, 1971, 3 (4): 373—413.

[18] Merton R C. An intertemporal capital asset pricing model [J]. Econometrica, 1973, 41 (5): 867—887.

[19] Antoniou C, Harris R D F, Zhang R. Ambiguity aversion and stock market participation: An empirical analysis [J]. Journal of Banking & Finance, 2015, 58: 57—70.

[20] Bilias Y, Georgarakos D, Haliassos M. Has greater stock

market participation increased wealth inequality in the us? [J]. Review of Income and Wealth, 2017, 63 (1): 169—188.

[21] Roche H, Tompaidis S, Yang C. Why does junior put all his eggs in one basket? A potential rational explanation for holding concentrated portfolios [J]. Journal of Financial Economics, 2013, 109 (3): 775—796.

[22] Chen B, Stafford F P. Stock market participation: Family responses to housing consumption commitments [J]. Journal of Money Credit and Banking, 2016, 48 (4): 635—659.

[23] Khorunzhina N. Structural estimation of stock market participation costs [J]. Journal of Economic Dynamics and Control, 2013, 37 (12): 2928—2942.

[24] Christelis D, Georgarakos D. Investing at home and abroad: Different costs, different people? [J]. Journal of Banking & Finance, 2013, 37 (6): 2069—2086.

[25] Gollier C. The economics of risk and time [M]. Cambridge: MIT press, 2001.

[26] Bressan S, Pace N, Pelizzon L. Health status and portfolio choice: Is their relationship economically relevant? [J]. International Review of Financial Analysis, 2014, 32: 109—122.

[27] Ayyagari P, He D. The role of medical expenditure risk in portfolio allocation decisions [J]. Health Economics, 2017, 26 (11): 1447—1458.

[28] Goldman D, Maestas N. Medicial expenditure risk and household portfolio choice [J]. Journal of Applied Econometrics, 2013, 28 (4): 527—550.

[29] Bonaparte Y, Korniotis G M, Kumar A. Income hedging and portfolio decisions [J]. Journal of Financial Economics, 2014,

113 （2）: 300—324.

[30] Basten C, Fagereng A, Telle K. Saving and portfolio allocation before and after job loss [J]. Journal of Money Credit and Banking, 2016, 48 (2-3): 293—324.

[31] Bucciol A, Miniaci R. Household portfolio risk [J]. Review of Finance, 2015, 19 (2): 739—783.

[32] Broer T. The home bias of the poor: Foreign asset portfolios across the wealth distribution [J]. European Economic Review, 2017, 92: 74—91.

[33] Arrondel L, Bartiloro L, Fessler P, et al. How do households allocate their assets? Stylized facts from the eurosystem household finance and consumption survey [J]. International Journal of Central Banking, 2016, 12 (2): 129—220.

[34] Pedersen A M B, Weissensteiner A, Poulsen R. Financial planning for young households [J]. Annals of Operations Research, 2013, 205 (1): 55—76.

[35] Fischer M, Stamos M Z. Optimal life cycle portfolio choice with housing market cycles [J]. Review of Financial Studies, 2013, 26 (9): 2311—2352.

[36] Corradin S, Fillat J L, Vergara - Alert C. Optimal portfolio choice with predictability in house prices and transaction Costs [J]. Review of Financial Studies, 2014, 27 (3): 823—880.

[37] Luo J, Xu L, Zurbruegg R. The impact of housing wealth on stock liquidity [J]. Review of Finance, 2017, 21 (6): 2315—2352.

[38] Chetty R, Sandor L, Szeidl A. The effect of housing on portfolio choice [J]. Journal of Finance, 2017, 72 (3): 1171—1212.

[39] Jansson T. Housing choices and labor income risk [J].

Journal of Urban Economics, 2017, 99: 107—119.

［40］ Zhan J C. Who holds risky assets and how much? ［J］. Empirica, 2015, 42 (2): 323—370.

［41］ Spicer A, Stavrunova O, Thorp S. How portfolios evolve after retirement: Evidence from Australia ［J］. Economic Record, 2016, 92 (297): 241—267.

［42］ Calcagno R, Monticone C. Financial literacy and the demand for financial advice ［J］. Journal of Banking & Finance, 2015, 50: 363—380.

［43］ Gaudecker H V. How does household portfolio diversification vary with financial literacy and financial advice? ［J］. The Journal of Finance, 2015, 70 (2): 489—507.

［44］ Chu Z, Wang Z, Xiao J J, et al. Financial literacy, portfolio choice and financial well - being ［J］. Social Indicators Research, 2017, 132 (2): 799—820.

［45］ Foerster S, Linnainmaa J T, Melzer B T, et al. Retail financial advice: Does one size fit all? ［J］. Journal of Finance, 2017, 72 (4): 1441—1482.

［46］ Hsiao Y, Tsai W. Financial literacy and participation in the derivatives markets ［J］. Journal of Banking & Finance, 2018, 88: 15—29.

［47］ Finke M S, Howe J S, Huston S J. Old age and the decline in financial literacy ［J］. Management Science, 2017, 63 (1): 213—230.

［48］ Kim Y, Lee J. The long - run impact of a traumatic experience on risk aversion ［J］. Journal of Economic Behavior & Organization, 2014, 108: 174—186.

［49］ 张号栋, 尹志超. 金融知识和中国家庭的金融排

斥——基于 CHFS 数据的实证研究 [J]. 金融研究, 2016 (07): 80—95.

[50] 尹志超, 宋全云, 吴雨. 金融知识、投资经验与家庭资产选择 [J]. 经济研究, 2014, 49 (04): 62—75.

[51] 胡振, 臧日宏. 收入风险、金融教育与家庭金融市场参与 [J]. 统计研究, 2016, 33 (12): 67—73.

[52] 吴锟, 吴卫星. 理财建议可以作为金融素养的替代吗? [J]. 金融研究, 2017 (08): 161—176.

[53] 尹志超, 吴雨, 甘犁. 金融可得性、金融市场参与和家庭资产选择 [J]. 经济研究, 2015, 50 (03): 87—99.

[54] 孟亦佳. 认知能力与家庭资产选择 [J]. 经济研究, 2014, 49 (S1): 132—142.

[55] Addoum J M, Korniotis G, Kumar A. Stature, obesity, and portfolio choice [J]. Management Science, 2017, 63 (10): 3393—3413.

[56] Fisher P J, Yao R. Gender differences in financial risk tolerance [J]. Journal of Economic Psychology, 2017, 61: 191—202.

[57] Bucciol A, Miniaci R, Pastorello S. Return expectations and risk aversion heterogeneity in household portfolios [J]. Journal of Empirical Finance, 2017, 40: 201—219.

[58] Austen S, Jefferson T, Ong R. The gender gap in financial security: What we know and don't know about Australian households [J]. Feminist Economics, 2014, 20 (3): 25—52.

[59] Cooper R, Zhu G. Household finance over the life - cycle: What does education contribute? [J]. Review of Economic Dynamics, 2016, 20: 63—89.

[60] Bogan V L, Fertig A R. Portfolio choice and mental health [J]. Review of Finance, 2013, 17 (3): 955—992.

［61］吴卫星，谭浩. 夹心层家庭结构和家庭资产选择——基于城镇家庭微观数据的实证研究 ［J］. 北京工商大学学报（社会科学版），2017（03）：1—12.

［62］Kuhnen C M，Miu A C. Socioeconomic status and learning from financial information ［J］. Journal of Financial Economics，2017，124（2）：349—372.

［63］Cronqvist H，Siegel S. The origins of savings behavior ［J］. Journal of Political Economy，2015，123（1）：123—169.

［64］Baltzer M，Stolper O，Walter A. Is local bias a cross - border phenomenon? Evidence from individual investors international asset allocation ［J］. Journal of Banking & Finance，2013，37（8）：2823—2835.

［65］Dimmock S G，Kouwenberg R，Mitchell O S，et al. Ambiguity aversion and household portfolio choice puzzles：Empirical evidence ［J］. Journal of Financial Economics，2016，119（3）：559—577.

［66］Sanroman G. Cost and preference heterogeneity in risky financial markets ［J］. Journal of Applied Econometrics，2015，30（2）：313—332.

［67］Spaenjers C，Spira S M. Subjective life horizon and portfolio choice ［J］. Journal of Economic Behavior & Organization，2015，116：94—106.

［68］Bogan V L，Fertig A R. Portfolio choice and mental health ［J］. Review of Finance，2013，17（3）：955—992.

［69］Brown S，Taylor K. Household finances and the ‘Big Five’ personality traits ［J］. Journal of Economic Psychology，2014，45：197—212.

［70］Li G. Information sharing and stock market participation：

Evidence from extended families [J]. Review of Economics and Statistics, 2014, 96 (1): 151—160.

[71] Ampudia M, Ehrmann M. Macroeconomic experiences and risk taking of euro area households [J]. European Economic Review, 2017, 91: 146—156.

[72] Kim Y, Lee J. The long – run impact of a traumatic experience on risk aversion [J]. Journal of Economic Behavior & Organization, 2014, 108: 174—186.

[73] Cameron L, Shah M. Risk – taking behavior in the wake of natural disasters [J]. Journal of Human Resources, 2015, 50 (2): 484—515.

[74] Malmendier U, Tate G, and Yan J. Overconfidence and early – life experiences: The effect of managerial traits on corporate financial policies [J]. Journal of Finance, 2011, 66 (5): 1687—1733.

[75] Chuang Y, Schechter L. Stability of experimental and survey measures of risk, time, and social preferences: A review and some new results [J]. Journal of Development Economics, 2015, 117: 151—170.

[76] 江静琳, 王正位, 廖理. 农村成长经历和股票市场参与 [J]. 经济研究, 2018, 53 (08): 84—99.

[77] Gaudecker H V. How does household portfolio diversification vary with financial literacy and financial advice? [J]. The Journal of Finance, 2015, 70 (2): 489—507.

[78] Blanchett D M, Straehl P U. No portfolio is an island [J]. Financial Analysts Journal, 2015, 71 (3): 15—33.

[79] Villasanti H G, Passino K M. Feedback controllers as financial advisors for low – income individuals [J]. Ieee Transactions

On Control Systems Technology, 2017, 25 (6): 2194—2201.

[80] Brunetti M, Giarda E, Torricelli C. Is financial fragility a matter of Illiquidity? An appraisal for italian households [J]. the Review of Income and Wealth, 2016, 62 (4): 628—649.

[81] Giarda E. Persistency of financial distress amongst Italian households: Evidence from dynamic models for binary panel data [J]. Journal of Banking & Finance, 2013, 37 (9): 3425—3434.

[82] Maslow A H. 1954. Motivation and personality [M]. New York: Harper and Brothers.

[83] Sherfin H M, Thaler R H. The Behavioral Life - Cycle Hypothesis [J]. Economic Inquiry, 1988, 26: 609—643.

[84] Xiao J J, Olson G I. Mental accounting and saving behavior [J]. Home Economics Research Journal, 1993, 22 (1): 92—109.

[85] Cavapozzi D, Trevisan E, Weber G. Life insurance investment and stock market participation in Europe [J]. Advances in Life Course Research, 2013, 18 (1SI): 91—106.

[86] Mckenzie R M. Misunderstanding savings growth: implications for retirement savings behavior [J]. Journal of Marketing Research, 2011, 48 (SPL): 1—13.

[87] Devaneysa, Anongst, Whirlse. Household savings motives [J]. Journal of Consumer Affairs, 2007, 41 (1): 174—186.

[88] 周弘. 需求层级结构与金融市场参与：家庭金融行为存在生命周期效应吗——基于中国家庭的经验分析 [J]. 财贸研究, 2015, 26 (04): 96—102.

[89] 周弘, 李启航, 高志. 我国居民金融需求层级结构门限效应研究 [J]. 统计研究, 2017, 34 (11): 44—55.

[90] Kevin Milligan. Life - cycle asset accumulation and allo-

cation in Canada [J]. Canadian Economics Association, 2005, 38: 1057—1160.

[91] 张学勇，贾琛. 居民金融资产结构的影响因素—基于河北省的调查研究 [J]. 金融研究, 2010 (03): 34—44.

[92] Ameriks, John and Zeldes Stephen P. How do household portfolio shares vary with age. TIAA - CREF, 2004, Working Paper.

[93] Heaton, John and Deborah Lucas. Portfolio choice in the presence of background risk [J]. Economic Journal, 2000, 110 (460): 1—26.

[94] Zhang L, Wu W, Wei Y, et al. Stock holdings over the life cycle: Who hesitates to join the market? [J]. Economic Systems, 2015, 39 (3): 423—438.

[95] 吴卫星，齐天翔. 流动性、生命周期与投资组合相异性——中国投资者行为调查实证分析 [J]. 经济研究, 2007 (02): 97—110.

[96] Fagereng A, Gottlieb C, Guiso L. Asset market participation and portfolio choice over the life - cycle [J]. Journal of Finance, 2017, 72 (2): 705—750.

[97] Bagliano F C, Fugazza C, Nicodano G. Optimal life - cycle portfolios for heterogeneous workers [J]. Review of Finance, 2014, 18 (6): 2283—2323.

[98] Addoum J M. Household portfolio choice and retirement [J]. Review of Economics and Statistics, 2017, 99 (5): 870—883.

[99] 吴卫星，荣苹果，徐芊. 健康与家庭资产选择 [J]. 经济研究, 2011, 46 (S1): 43—54.

[100] 赵向琴. 预期寿命延长、遗赠动机和风险资产配置 [J]. 厦门大学学报 (哲学社会科学版), 2015 (04): 121—133.

［101］王跃生. 当代中国家庭结构变动分析［J］. 中国社会科学，2006（01）：96—108.

［102］吴卫星，李雅君. 家庭结构和金融资产配置——基于微观调查数据的实证研究［J］. 华中科技大学学报（社会科学版），2016，30（02）：57—66.

［103］易祯，朱超. 人口结构与金融市场风险结构：风险厌恶的生命周期时变特征［J］. 经济研究，2017，52（09）：150—164.

［104］卢亚娟，张菁晶. 农村家庭金融资产选择行为的影响因素研究——基于 CHFS 微观数据的分析［J］. 管理世界，2018，34（05）：98—106.

［105］王聪，姚磊，柴时军. 年龄结构对家庭资产配置的影响及其区域差异［J］. 国际金融研究，2017（02）：76—86.

［106］Betermier S, Calvet L E, Sodini P. Who are the value and growth investors?［J］. The Journal of Finance, 2017, 72（1）：5—46.

［107］联合国等. 国民经济核算体系（2008）［M］. 北京：中国统计出版社，2012.

［108］史代敏，宋艳. 居民家庭金融资产选择的实证研究［J］. 统计研究，2005（10）：43—49.

［109］Cocco, J. F. Portfolio choice in the presence of housing［J］. Review of Financial studies, 2005, 18：（2）：535—567.

［110］［英］凯恩斯. 就业、利息和货币通论［M］. 高鸿业译. 商务印书馆，1999.

［111］Andersen, Steffen and Campbell, John Y. and Nielsen, Kasper Meisner and Ramadorai, Tarun. Sources of inaction in household finance：Evidence from the danish mortgage market（March 15, 2018）. Available at SSRN：https：//ssrn. com/abstract = 2463575 or http: //dx. doi. org/10. 2139/ssrn. 2463575.

[112] RM Mckenzie. Misunderstanding savings growth: Implications for retirement savings behavior [J]. Journal of Marketing Research, 2011, 48 (SPL): 1—13.

[113] D Vaney, A Sharon, T Sophia. Anong and Stacy E. Whirl. Household savings motives [J]. Journal of Consumer Affairs, 2007, 41: 174—186.

[114] Modigliani F, Cao S L. The Chinese saving puzzle and the life - cycle hypothesis [J]. Journal of Economic Literature, 2004, 42 (1): 145—170.

[115] Friedman M, Gary S. Becker. A Statistical illusion in judging keynesian models [J]. Journal of Political Economy, 1957, 65 (1): 64—75.

[116] 蔡昉. 未来的人口红利——中国经济增长源泉的开拓 [J]. 中国人口科学, 2009 (01): 2—10.

[117] Leland H E. Saving and uncertainty: The precautionary demand for saving [J]. The Quarterly Journal of Economics, 1968, 82 (3): 465—473.

[118] Zeldes S P. Consumption and liquidity constraints: An empirical investigation [J]. Journal of political economy, 1989, 97 (2): 305—346.

[119] Kimball MS. Precautionary saving in the small and in the large [J]. Econometrica: : Journal of the Econometric Society, 1990: 53—73.

[120] Christopher D. Carroll, Andrew A. Samwick. How important is precautionary saving? [J]. The Review of Economics and Statistics, 1998, 80 (3): 410—419.

[121] Nikolaus Bartzsch. Precautionary saving and income

uncertainty in Germany – New evidence from microdata ［J］. Journal of Economics and Statistics Vol. 228，2008，5—24.

［122］ Luigi Ventura，Joseph G. Eisenhauer. Prudence and precautionary saving ［J］. Journal of Economics and Finance，2006 (30)：155—168.

［123］ 李实，John Knight. 中国城市中的三种贫困类型 ［J］. 经济研究，2002 (10)：47—58.

［124］ 雷震，张安全. 预防性储蓄的重要性研究：基于中国的经验分析 ［J］. 世界经济，2013 (36)：126—144.

［125］ 宋明月，臧旭恒. 我国居民预防性储蓄重要性的测度——来自微观数据的证据 ［J］. 经济学家，2016 (01)：89—97.

［126］ 易行健，王俊海，易君健. 预防性储蓄动机强度的时序变化与地区差异——基于中国农村居民的实证研究 ［J］. 经济研究，2008 (02)：119—131.

［127］ Simon H A. Theories of bounded rationality ［J］. Decision and Organization，1972，3：161—176.

［128］ Reshef D. N.，Reshef Y. A.，Finucane H. K.，Grossman S. R.，etc. Detecting Novel Associations in Large Data Sets ［J］. Science，2011 (6062)：1518—1524.

［129］ C. E. Shannon. A mathematical theory of communication ［J］. The Bell System Technical Journal，1948，27 (3)：379—423.

［130］ 刘万. 中国不同年龄组别的城镇劳动者产出效率研究——兼谈对合理延迟退休年龄的启示 ［J］. 经济评论，2018 (04)：146—160.

［131］ William H. Greene. 计量经济分析 ［M］. 北京：中国人民大学出版社，2011.

［132］ Jeffrey M. Wooldridge. 计量经济学导论 ［M］. 北京：

中国人民大学出版社，2010.

[133] Rooij, Maarten van, Annamaria Lusardi and Rob Alessie. Financial literacy and stock market participation. Journal of Financial Economics [J]. 2011, 101 (2): 449—472.

[134] 宋全云，肖静娜，尹志超. 金融知识视角下中国居民消费问题研究 [J]. 经济评论，2019 (01): 133—147.

[135] 周钦，袁燕，臧文斌. 医疗保险对中国城市和农村家庭资产选择的影响研究 [J]. 经济学（季刊），2015, 14 (03): 931—960.

[136] 李炫，阳镇，张雅倩. 为什么投资者的主客观风险偏好存在差异——来自 CHFS 的微观证据 [J]. 南方经济，2015 (11): 16—35.

[137] 吴卫星，沈涛，蒋涛. 房产挤出了家庭配置的风险金融资产吗？——基于微观调查数据的实证分析 [J]. 科学决策，2014 (11): 52—69.

[138] Angerer X. and Lam P. Income risk and portfolio choice: An empirical study [J]. Journal of Finance, 2009 (64): 1037—1055.

[139] Palia, D., Qi, Y., Wu Y. Heterogeneous background risks and portfolio choice: Evidence from micro - level data [J]. Journal of Money, Credit and Banking, 2014, 46 (8): 1687—1720.

[140] 罗楚亮. 收入增长、收入波动与城镇居民财产积累 [J]. 统计研究，2012, 29 (02): 34—41.

[141] 宋炜，蔡明超. 劳动收入与中国城镇家庭风险资产配置研究 [J]. 西北人口，2016, 37 (03): 26—31.

[142] 张兵，吴鹏飞. 收入不确定性对家庭金融资产选择的影响——基于 CHFS 数据的经验分析 [J]. 金融与经济，2016 (05): 28—33.

[143] 何兴强，史卫，周开国. 背景风险与居民风险金融

资产投资 ［J］. 经济研究，2009（12）：119—130.

［144］Guiso，Jappelli and Terlizzese. Earnings Uncertainty and Precautionary Saving ［J］. Journal of Monetary Economics，1992，30（2）：307—337.

［145］Arrondel L. and Masson，A. Stockholding in France ［D］. CNRS – DELTA，2002.

［146］李建伟，周灵灵. 中国人口政策与人口结构及其未来发展趋势 ［J］. 经济学动态，2018（12）：17—36.

［147］胡湛，彭希哲. 应对中国人口老龄化的治理选择 ［J］. 中国社会科学，2018（12）：134—155.

［148］巴曙松，方堉豪，朱伟豪. 中国人口老龄化背景下的养老金缺口与对策 ［J］. 经济与管理，2018，32（06）：18—24.

［149］董志强，魏下海，汤灿晴. 人口老龄化是否加剧收入不平等？——基于中国（1996～2009年）的实证研究 ［J］. 人口研究，2012，36（05）：94—103.

［150］王笳旭，冯波，王淑娟. 人口老龄化加剧了城乡收入不平等吗——基于中国省际面板数据的经验分析 ［J］. 当代经济科学，2017，39（04）：69—78.

［151］李超，罗润东. 老龄化、预防动机与家庭储蓄率——对中国第二次人口红利的实证研究 ［J］. 人口与经济，2018（02）：104—113.

［152］齐明珠，张成功. 人口老龄化对居民家庭投资风险偏好的影响 ［J］. 人口研究，2019，43（01）：78—90.

［153］吴洪，徐斌，李洁. 社会养老保险与家庭金融资产投资——基于家庭微观调查数据的实证分析 ［J］. 财经科学，2017（04）：39—51.

［154］李昂，廖俊平. 社会养老保险与我国城镇家庭风险金融资产配置行为 ［J］. 中国社会科学院研究生院学报，2016

(06)：40—50.

[155] 聂瑞华．中国家庭风险资产选择的生命周期效应研究
[D]．山西财经大学，2019.

[156] 聂瑞华，石洪波，米子川．家庭资产选择行为研究评
述与展望 [J]．经济问题，2018（11）：41—47.

[157] 金勇进、杜子芳和蒋妍．抽样技术 [M]．北京：中
国人民大学出版社，2014.

[158] 曾五一，朱建平．统计学 [J]．北京，中国金融出
版社，2006.

[159] 聂瑞华．基于社交网络的股市信息传递特征研究
[D]．山西财经大学，2016.

[160] 聂瑞华，石洪波，米子川．一对多轮换估计法下的
同伴驱动抽样方法探讨 [J]．统计与决策，2019，35（22）：
16—19.

[161] 郝一炜，金勇进．地理坐标信息参与下的空间平衡
抽样设计 [J]．数理统计与管理，2020，39（06）：978—989.

[162] 刘展，潘莹丽，金美玲．大数据背景下网络调查样
本的随机森林倾向得分模型推断研究 [J]．统计研究，2021，
38（11）：130—140.

[163] Campbell, John. Y. , Hilscher Jeans, Szilagyi Jan. In
search of distress risk [J]. Journal of Finance, 2008, 63（6）:
2899—2939.

[164] Tian, Shaonan, Yan Yu, Hui Guo. Variable selection
and corporate bankruptcy forecasts [J]. Journal of Banking &
Finance, 2015, 52: 89 —100.

[165] Danenas, Paulius, Gitautas Garsva. Selection of support
vector machines based classifiers for credit risk domain [J]. Expert
Systems with Applications, 2015, 42（6）: 3194—3204.

[166] Yu, Lean, Wuyi Yue, Shouyang Wang, K. K. Lai. Support vector machine based multiagent ensemble learning for credit risk evaluation [J]. Expert Systems with Applications, 2010, 37 (2): 1351—1360.

[167] 姚德权, 鲁志军. 中国证券公司市场风险预警实证研究 [J]. 现代财经 (天津财经大学学报), 2013 (4): 30—37.

[168] 程天笑, 闻岳春. 融资融券业务个人客户违约概率 计量研究 [J]. 金融研究, 2016 (4): 174—189.

[169] 聂瑞华, 石洪波. 基于贝叶斯网络的上市证券公司 风险预警模型研究 [J]. 财经理论与实践, 2018, 39 (06): 51—57.

后　记

　　本书是山西省高等学校哲学社会科学项目"基于背景风险的山西省家庭金融资产配置优化研究（编号：2020W135）"和山西省科技战略研究专项项目"山西省脱贫家庭返贫预警机制研究（编号：202104031402101）"的部分研究成果。

　　完成本书要特别感谢两位老师：一位是我的博士生导师——山西财经大学石洪波教授。石老师学识渊博、治学态度严谨，从选题到最终完稿均离不开石老师的悉心指导。另一位是我的硕士生导师——山西财经大学米子川教授。米老师是我从事科研事业的引路人，正是米老师在硕士期间对我的科研训练，才使我有底气去继续科研之路。

　　本书的完成同样要感谢我的家人在背后的长期付出和支持。当然帮助我的老师、同学、朋友和同事还有很多，不再一一列举，在此一并感谢。

　　本书是我科研生涯的阶段性总结，更是继续前进的动力。当然正如行为经济学提到的——"人是有限理性的"，本人目前的才学一定有局限和不足，这导致本书必然存在不足之处，望各位读者不吝赐教！